U0176251

计算机前沿
理论研究与技术应用探索

孙 超 著

天津出版传媒集团

天津科学技术出版社

图书在版编目（CIP）数据

计算机前沿理论研究与技术应用探索 / 孙超著. --

天津 ：天津科学技术出版社，2020.6（2022.3重印）

ISBN 978 7-5576-8247-7

Ⅰ．①计… Ⅱ．①孙… Ⅲ．①电子计算机－研究

Ⅳ．①TP3

中国版本图书馆 CIP 数据核字(2020)第 114967 号

计算机前沿理论研究与技术应用探索

JISUANJI QIANYAN LILUN YANJIU YU JISHU YINGYONG TANSUO

责任编辑： 陶 雨

出版： 天津出版传媒集团

天津科学技术出版社

地址：天津市西康路 35 号

邮编：300051

电话：(022) 23332400

网址：www.tjkjcbs.com.cn

发行：新华书店经销

印刷：北京宝莲鸿图科技有限公司

开本 787×1092 1/16 印张 10 字数 220 000

2021 年 4 月第 1 版 2022 年 3 月第 2 次印刷

定价：68.00 元

前　言

　　21 世纪是信息化的世纪，伴随着现代信息技术的飞速发展，特别是计算机技术的出现与普及，为我国各个行业的创新发展提供了可能。但是，网络技术是具有双面性的，在计算机技术极大的方便了现在社会的生产生活的同时，也出现了一系列问题。本书通过对相关文献资料的整理收集，对计算机技术的应用现状进行介绍，分析计算机技术在当前应用过程中存在的问题，探究未来计算机技术的发展方向，以期为我国的信息化技术发展提供有价值的参考。

　　我国早在 21 世纪初期就已经实现了民用计算机的普及与推广，在短短十几年的发展时间里，我国民用计算机的使用范围和使用数量都出现了。爆炸式的增长。计算机最初传入我国时的应用范围比较狭窄，但是伴随着互联网技术的飞速发展，现代人的生活需求已经基本上可以通过计算机技术来满足。伴随着计算机技术一同出现的还有大数据技术、云计算技术等，这些技术的出现进一步的促进了我国经济发展，极大的提升了我国在世界舞台上的竞争力。

　　虽然当前我国已经实现了计算机技术的普遍应用，但是对于计算机的应用水平仍然比较低，特别是与发达国家之间的应用效率之间存在着较大的差距。我国居民都现代生活已经和计算机技术密不可分，但是在企业生产过程中往往还将计算机技术应用于一般办公数据处理工作，这就导致了对计算机技术的应用效率极为低下。计算机在我国更多的被用于消遣和娱乐工具来使用，其中所蕴含的深层次应用意义还尚未被完全发掘；如何提高计算机技术的应用效率已经成为了我国社会的共同追求。

　　近年来我国的计算机技术取得了很多进展，但是和发达国家相比首先我们的计算机技术发展速度要更慢，其次所取得的计算机技术创新也要弱于发达国家；利用计算机技术对社会发展的促进作用是有目共睹的，当前我国计算机技术的发展速度同社会发展的需求是不同步的。一方面，我国对于计算机研究的资金投入还和发达国家具有较高的区别，另一方面，我国对于计算机创新技术的应用重视性也存在着一定的缺陷，许多具有极高应用价值的计算机技术成果并没有受到充分的重视，以至于其价值并没有被充分发掘。面对这种情况我国政府应当积极发挥科技对于经济发展的驱动作用，增强对于计算机技术的研发资金投入，大力鼓励计算机技术创新成果。

目　录

第一章 计算机的认识

第一节 计算机与计算机技术

由于计算机发展迅速，能给人们生活带来很多便利，比如可以通过计算机完成购物等各项金钱交易，但很多人对计算机及计算机技术缺乏基本了解。本节主要介绍了计算机技术的发展历程，分析分布式计算机系统的带动作用与发展以及计算机，最后对计算机技术发展所产生的问题及应对策略做了简要探讨。希望通过对计算机与计算机技术的简单介绍，能使大家对计算机有了更深一步的了解，在生活中个好的利用计算机，使计算机更好地造福社会。

计算机作为一个跨时代的发明，自从 1946 年诞生以来，像新生的婴儿一样，不断成长着。几十年来，从图灵到冯诺依曼，一个又一个伟人投身于计算机的研发，推动了其发展。如今，随着计算机技术的进步，计算机已经走进了千家万户，并且通过改变人们处理和计算数据以及交流通信的方式，极大地促进人类社会经济、科技、文化、教育、政治、军事等领域的发展，对人类社会的进步产生不可替代的影响。推动计算机技术教育成为国家教育事业的重要课题，了解计算机以及计算机技术也成了公民的基本科学文化素养。在此，我浅谈计算机与计算机技术，希望能给大家带来帮助与启发，促进祖国计算机事业的发展。

一、计算机技术的发展历程

（一）按计算机总体发展阶段划分

我们把计算机的发展阶段分为三个阶段。第一阶段是电子计算机阶段，这一阶段计算机技术刚刚诞生，硬件技术尚未成熟，计算机体积庞大，运算速度非常慢。第二阶段是微型计算机阶段，比如出现单片机、pc 机。大规模集成电路的应用，计算机体型大幅度缩小，硬件的集成化优势使得电脑的体积急剧下降，同时也达到了降低能耗和售价的目的。第三阶段是互联网计算机阶段，伴随互联网的出现，在计算机网络的推动下，人类进入了信息爆炸时代，更便捷的交流和获取信息成为可能。

（二）按器件发展阶段划分

最初的计算机采用电子管为基本元件，使得计算机体积庞大、耗电量惊人，并且电子管有着不耐耗、寿命短的弱点。1956 年，晶体管出现，迅速取代了电子管，成为主要的电子计算机元件，它反应更灵敏，能耗更小，使得计算机的体积得以缩小。20 世纪 50 年代后期到 60 年代，集成电路的集成优势使计算机的体积进一步减小，引导了计算机的进步。

二、分布式计算机系统的带动作用与发展

我们在进行某些运算和计算时，一台单独的计算机运算能力可能无法满足其要求，譬如某些大型网站内的搜索功能。这个时候我们就考虑到把多台计算机互相连接，通过系统把这些计算机的计算能力和资源形成一个体系，一旦有运算需求，可以调用系统内的所有计算机的运算能力，这就叫作分布式计算系统。这种系统的先进技术，是的计算机技术又得到了进一步的发展。比如说，云计算及其他的一些网络计算项目开始对公众开发，这些技术的发展和应用，使得计算模式逐渐被民众所熟知，在相关技术进一步创新和发展之后，人工智能也得到了较好的发展及应用，当前，由于技术的限制，人工智能技术发展还处于一个较为缓慢的状态，但是随着研究的深入，未来其还存在有较大的发展空间和发展潜力。未来计算机与计算机技术将会以分布式计算系统为核心，将计算机技术嵌入到计算商业化的产业链中，该产业链形成之后，计算机技术的准入门槛将会进一步降低，计算机技术将会进一步促进社会的进步与生产效率，将会日益满足人们的日新月异的需求。从当前计算机技术的发展现状来看，要实现这一目标也并非是一朝一夕能够做好的事情，其对于技术和资金等要求比较高。

三、计算机与计算机技术发展所产生的问题及应对策略

当前，计算机与计算机技术还在不断的发展和创新，但是在其发展过程中也存在有一个极为重要等问题，即目前计算机与计算机技术发展过程中还没有一个模式标准和协议，该问题是计算机技术发展过程中共同的问题，它的出现导致计算机从技术研发进入到市场运用之后，经常会因为提供商的变更，而不得不对相关的技术进行技术二次研发，它会造成极大的浪费了人力和物力资源，不利于计算机技术的创新和发展。针对该问题，我们可以联合政府、高校、企业等几个领域的力量去共同完善相关技术达到某一标准，这不仅可以提高研发速度，还有助于资源的共享，降低了资源的浪费，促进计算机的发展。

其次，在计算机与计算机技术发展过程中，由于多种因素的影响，其还缺少成熟的开发和调试环境，其严重影响了计算机技术研发的进度和效率。针对该问题，在未来计算机技术发展过程中还需要进一步整合资源，加强相关计算机行业之间的沟通和联系，发挥不同行业之间的优势，推动计算机技术的进一步创新和发展。

最后，计算机的形态与构成，和计算机技术的发展方向，肯定不是我们现在的固有思维能够定论的，未来的计算机与计算机技术肯定是潜力无限。肯定会创造出更加超前的存储系统、生物主机和光学识别等技术也可能会应用于计算机技术研发领域，但是当前相关领域的精通的计算机人才却比较缺乏，许多计算机技术研发人才所掌握的技术都较为基础，难以真正有效的满足时代发展的需要。在未来还需要加大相关领域人才培养力度，这样才能更好地促进计算机技术的创新和发展，切实满足时代发展需求。

计算机经过了几十年的发展，已经形成了一定的体系，并深深地影响着人类社会。然而，计算机技术的发展并没有到达终点，其本身的技术以及相关的社会制度还需要不断地完善。我相信，在未来，计算机技术一定会继续取得重大突破，向着智能化方向发展，更好地服务于人来社会，使人们的生活更加方便美好。

第二节　计算机技术发展

随着计算机技术的发展和普及，普通群众的日常生活和工作发生了巨大改变，其在我国各行各业中也得到了广泛应用。目前，计算机技术已通过在某些领域的技术性突破体现了其价值，但笔者认为计算机科学技术在未来仍有很广阔的发展空间，只要付出努力，便仍能在此领域获得新的突破。

一、发展现状

（一）普及性、深入发展性

计算机（computer），俗称电脑，在信息社会对人们的日常生活和工作中产生了巨大作用。目前，鉴于计算机所具有的便捷性、高效性等特点，其在我国的应用已经相当广泛，通过网上交易购物影响生活，处理数据图表影响工作，信息考试影响学习等群众生活的各个方面。由于大多数与生活息息相关的方面都会应用到计算机技术，这恰恰说明了目计算机技术的现阶段发展具有较强的普及性和深入发展性的特点。

（二）专业性、综合化

计算机具有的系统技术、部件技术、器件技术和组装技术使得其使用范围不断扩大，目前其主流发展方向是智能化，例如通过智能化来实现家用物品的全自动运用，改变用手动操作的传统方式，从根本上改变了人们过去传统的生活方式。与此同时，作为专业性技术，其专业化同样发展迅速。要想不断发展，通过专业化和智能化的结合发展来提高它的综合性，才能实现该目标。

（三）创新性、深入性

计算机技术的处理方式正由信息处理、数据处理转变为知识处理。每一次信息技术爆炸都伴随着计算机技术整体的变革，这体现了其作为智能技术的创新性。为了更加符合时代的要求，在技术发展的带领下，计算机技术正在朝向高速大集成的方向前进，在创新中谋求稳定发展，满足现代社会的要求深入性。

二、主要应用方向

（一）电影制作

计算机技术为电影的蓬勃发展提供了良好契机。通过各软件所制做出的特效、CG 等画面为观众带来的现实中无法体验到的视觉效果，为电影业带来更多发展空间。通过对计算机的处理制造出大银幕上震撼人心的角色效果，诞生了诸如特效师等专职通过操作计算机的职业，给了求职者更多应聘机会，从而使电影业能够在不同的环境下实现全面发展。

（二）人工智能

人工智能（Artificial Intelligence），英文缩写为 AI，是计算机科学的一个分支，其包含计算机知识、人类心理学和哲学。因为其根本技术来源于计算机技术，使得人工智能在计算机领域内，得到了愈加广泛的重视。其所拥有的自然语言处理，知识表现，智能搜索等功能与计算机技术存在交叉重叠之处，用来研究人工智能的主要物质基础以及能够实现人工智能技术平台的机器也就是计算机。因此，人工智能技术的发展脚步与计算机技术息息相关，而其应用也广泛多样，例如医用机器人和全自动化汽车等产品。随着计算机技术的不断发展，人工智能也会不断创新，最终形成又一大引领科技发展的技术。

（三）其他领域

目前的计算机创新技术已经在很多领域发挥了作用，例如信息多媒体的处理，甚至替代工业电器等。从我国现阶段计算机技术的投入方向来看，教育、商业广告、医疗以及办公自动化是主流。教育方面，网络授课已经被许多城市应用用以提升学生对于知识的兴趣和授课效率；商业广告通过后期计算机技术合成的特技，提升广告的质量；医疗方面通过使用计算机技术来诊治疾病，包括 B 超、CT、超声波技术在内的远程诊断和操作，可以实现对疾病的预防和诊断。另外计算机技术的子技术虚拟现实技术在许多方面的应用同样十分广泛。我国目前的很多工厂生产能够实现自动化，都与计算机技术的使用不可分离。

（四）智能化超级计算机

大数据时代的到来，使信息量再次发生爆炸性增长。过去容量的计算机已经不能满足社会对于信息的需求了，面对如此多的信息，计算机也难免出现错误。这使得更大容量，更加精准的计算机也就是超级计算机的出现成为必然。不仅如此，全新的超级计算机还将拥有更多功能，实现多数据多命令的同时处理。未来的计算机还会具备高级智能，其本身就能像人一般灵活地处理命令，使用起来为人们提供巨大便利。

（五）新型计算机

为了适应不同情况对计算机的需求，未来的计算机将会拥有不同的专业功能。目前已经出现了纳米计算机、超导计算机等新型计算机，还有光计算机、量子计算机、DNA 计算机等计算机正在被加紧研制。他们将具有前几代计算机不具有的优点：体积变小、传输速度更快、耗电量更少……在半导体、微处理器等技术的应用下，计算机正在飞速创新，未来将会有更多新型号计算机被研发出来和投入使用，并将再次改变人类的生活。

未来计算机技术肯定会沿不同方向发展，但最主要的将会是以下三个方面：

朝运算速度加快的方向更新，而且将会有巨大的突破，运行速度也将会被提升到目前的数倍，计算机同时运算也将会变成现实。

应用变得更加广泛，渗透进各行各业，计算机的普及度也将会得到提升，使越来越多的人能够用上计算机。

升级到更加智能的状态。互联网的广泛应用，使计算机之间能够交流信息数据，而这些数据也将能发挥出促进计算机技术发展的积极作用。

向着人性化发展。未来计算机将能更合理地读取人类的命令信息，结合具体情况做出具体的执行措施，为人们的生活带来便利。

这些方面在未来都将会是计算机技术的重要发展方向。

第三节 计算机应用现状与计算机发展趋势

计算机的发明彻底改变了我们现代人的生活，而且随着计算机在生活中的普及运用使人生生活工作方式发生了质的飞越，大大的提高了人们的工作效率也方便了人们的生活。当随着技术的不断优化，计算机的发展趋势必然会更好、更广泛。本节就计算机的应用现状和发展趋势进行阐述。

计算机技术的不断创新，让计算机已经基本上走进了千家万户，目前大部分的家庭和企业都在使用计算机。随着计算机技术的不断创新发展以及普及程度的提高，计算机从生活的多个方面改变着人们的生活和工作方式，带来了很大的便捷。

一、计算机应用的现状

计算机对区域发展至关重要，推动着很多行业的不断发展以及科技水平的提升，使其成为现代企业以及各行业发展的重要一部分。而且网络技术越来越发达，也给人们的生活带来了很多的改变，甚至是彻底颠覆了人们的生活乃至社会的发展走向。

（一）计算应用范围日益扩大

现如今计算机对社会各项活动都有着重要的影响，其应用范围也在不断地扩大。从刚开始的军事领域发展到如今社会的各行各业，逐渐建立了规模化的计算机产业，带动社会各行各业的不断发展前行，社会也因此产生了重要的变。现如今在政治、经济、娱乐、生产、教育等各行各业都离不开计算机的使用。

（二）计算机应用技术显著提升

近年来，计算机对人们生活的深刻影响，使计算机受众用户数量逐渐增多，而且计算机的运用性能和应用领域都得到了进一步拓展，在未来还会有很多新型的产业伴随着计算机技术的成熟得以发展。

（三）计算机应用连锁效应越发显现

计算机目前的应用领域很广泛，形成了信息化、网络化和数据化的现况。计算机的作用已经被社会所认可并且实际地投入到各行各业的使用当中。目前很多领域都可以发现计算机的普及，例如，商务办公、网上银行、电子商务、数据处理、生产教学辅助等很多高端领域。计算机的普及导致人们的生活习惯和节奏都发生了变化，改了很多以往的生活方式，为现代化建设做出了很大的贡献。

二、计算机发展特点及趋势

（一）计算机发展特点

1. 多极化

计算机的不断发展，使得各个行业都需要计算机技术的使用，为了满足各行业的需求，计算机也出现了很种类型，如超大计算机、大型计算机、小型微型计算机。这些计算机在各自的领域都得到了较好的发展，也充分体现出计算机行业的多极化发展特点。

2. 智能化

如今对计算机的研究集中体现在智能化上，希望通过计算机技术来模拟人的思维和行动，从而来改变人的生活方式。

3. 网络化

网络化就是使用现代通信技术来将各地的计算机互联起来，形成一个规模和功能强大的网络结构。目前的计算机网络正在不断优化与升级，也会更加方便用户的使用。

（二）计算机发展趋势

1. 智能化

目前高端领域大数据平台的建立和使用，各种信息融合技术的不断发展，这些都是计算机应用智能化最为直观的表现，可以这样说计算机未来智能化是必然的发展趋势。这种智能化可以从智能机器人上体现出现，这是未来计算机发展的首要方向。目前计算机技术的使用已经有很多的智能机器人出现，但是还有存在很多技术上的缺乏，导致智能化不够显著。未来随着计算机技术的不断创新进步，解决智能机器人的问题就不单纯的是技术上的问题，而是道德伦理上的问题，比如让智能机器人拥有和人一样聪明的大脑，理性成熟的判断思维能力和知伦理的能力。

2. 大众化

虽然目前计算机的普及程度已经相当的高，但是成熟的计算机技术是需要每一个人都能够熟练掌握计算机的使用，才能真正改变所有人的生活，发挥计算机技术的价值。为了解决计算机技术在应用上存在的问题，就需要结合自身的特点来开发一些更加实用化简单化的软件，这样就更加容易使用，从而扩大使用的人群。我们日常需要使用的一些软件，可以将其设计得更加简单方便，方便更多的人进行使用。同时，还可以安排专业的人士进行计算机使用的教学工作，开设计算机应用技术专业的学校来培养更多的人才，提高大众对计算机的使用能力，提高社会整体计算机水平。

3. 安全化

目前计算机在使用过程中还存在一些安全隐患，尤其在用户信息的保护上。为了避免用户信息在使用过程中被泄露出去，需要加强计算机的安全性能，提高计算机保护隐私的功能。同时用户在使用计算机时，一定要注意在使用的过程中学会自我分辨信息的真实性和有效性，不能随意暴露自己的信息，带来信息安全隐患。政府也需要加强这方面的管控，需要指派专业人士对网络环境进行管理，制定有效的管理措施和制度，严厉打击网络犯罪行为，切实保护网民的权益不受损害。通过不断完善网络保护系统，在出现问题的时候可以进行有效追踪和处理，保障用户上网安全。

4. 微型化

第一台计算机出现时需要用一个房间才能完全的装下，而且即使是十几年前还都是一些笨重的台式机。但是，现如今我们可以随身携带计算机，而且现在的计算机厚度也是非常的薄，非常方便携带，性能更加优越。未来计算机会越来越小，甚至可以将计算机的芯片植入到大脑当中，随时随地的方便使用计算机。智能手机的普及发展，人们越来越喜欢使用手机进行各种生活工作活动。这不仅仅是因为手机方便携带，更是因为其功能和电脑"不相上下"，所以使用的人数在不断壮大，受众范围也越来越广。

依据上述分析，计算机技术对人类的发展起着至关重要的作用。我国计算机技术发展的这几十年，推动着我国各行各业的不断发展，改变了人们的生活习惯和工作方式。

第四节 计算机信息历史研究

计算机是一种能够按照程序自动计算、处理、储存记忆的现代化智能电子设备，作为20世纪影响力最大的科技发明之一，计算机对人类生活带来深远变革，带动全球科技进步和产业升级。本节对计算机发展历史进行详细回顾，同时论述计算机在现代社会的应用领域，力图把握计算机的发展阶段和技术创新趋势，以此为基础展望未来计算机发展前景。

一、计算机发展历史回顾

计算机技术的确切诞生时间在20世纪40年代，美国宾夕法尼亚大学教授John W.Mauchly和J Presper Eckert共同为美国陆军军械部阿伯丁弹道研究室研制了一台用于弹道轨迹计算的电子数字计算机，它就是全世界第一台真正意义上的计算机"ENIAC"。"ENIAC"体积庞大，重量超过30t，占地超过170m^2，内部结构包括18000只电子管，7000只电阻，10000只电容，50万条电线和超过6000个开关，据悉其每小时耗电量达140kW，运行速度为5000次/s，被视为"电脑时代的开端"。以"ENIAC"为代表的计算机属于第一代计算机，其对早期电动计算机技术进行改革后以电子管作为主要元器件，在程序编写上全部采用机器语言，虽然能够有效提高计算速度但不利于操作和修改，同时庞大的体积和复杂的构造对其广泛投入应用带来不便。

20世纪50年代以来全球电子技术进一步发展，晶体管取代电子管成为计算机主要元件，晶体管所需空间明显小于电子管，同时自身构件消耗和耗电量极低，无须预热即可进行使用，运用晶体管的计算机体积更小且性能得到增强。1954年美国贝尔实验室研制出第一台晶体管计算机"TRADIC"，1955年美国首次在洲际导弹上使用小型晶体管计算机，1958年美国IBM公司研制出全球第一台全部使用晶体管元件的计算机RCA501型。这一时期的计算机称为第二代计算机，其采用快速磁心储存器，每秒能够完成15000次加法运算或50000次乘法运算，还具有使用寿命长，维护保养简单等优势。我国于1965年研制出中国第一台大型晶体管计算机"109乙机"，1967年研制出技术升级的"109丙机"，为我国国防科技发展做出重要贡献。

第三代计算机又称集成电路计算机，原本各自独立的电阻、电容、晶体管等元件被组成在一个元件内构成计算机主要功能部件，主储存器为半导体储存器，运算速度提升至几十万次每秒，应用范围扩大至信息管理、数值计算、工作自动化控制、计算机辅助教学（CAI）等。集成电路取代晶体管后计算机的体积进一步缩小，内部元件耗能更小且造价成本更低，为计算机应用融入人们生产和生活领域奠定技术基础。我国在 1973 年至 80 年代初期开始中小规模集成电路计算机研究，1973 年北京大学、北京有线电厂等单位联合研制出运算速度达 100 万次/s 的大型通用计算机，1974 年清华大学等单位联合设计出 DJS-130 小型计算机和 DJS-140 小型机，在集成电路计算机研制方面开创系列化生产之路。

集成电路技术在 20 世纪 60 年代末和 70 年代初得到迅猛发展，众多元件能够集中在面积极小的硅晶片上形成大规模集成电路和超大规模集成电路，由此推动形成第四代计算机。美国研制的 ILLIAC-IV 计算机是全球首台以大规模集成电路为储存单元和逻辑元件的计算机，标志着计算机设计已经进入第四代阶段，1974 年英国曼彻斯特大学研制的 ICL2900 计算机、1975 年美国阿姆尔公司研制的 470V/6 型计算机、1976 年日本富士通公司研制的 M-190 型计算机是第四代计算机中较有代表性的系列。我国从 80 年代中期开始第四代计算机的研制，主要采用 Z80、X86 和 6502 芯片在微型机领域进行科研，虽然起步时间晚于英美等发达国家，但以后来居上的姿态取得不凡成果。第四代计算机经历过 4 个发展时期，1971—1973 年间以四位微型机和八位微型机为主，1973—1977 年间在 MCS-80 型之外出现 TRS-80 型和 APPLE-II 型，1978—1983 年间十六位微型机得到快速发展，1983 年后出现三十二位微型机，计算机的核心性能不断得到优化。这一时期的计算机研制出现两极化的发展趋势，一方面微型机逐渐向个人应用和网络化方向发展，另一方面大型机向专业化、巨型化方向发展，逐渐出现每秒运算量超过一亿次的超级计算机。

1981 年日本率先宣布开始研制第五代计算机，所谓第五代计算机指信息采集、处理、储存功能智能化，在处理一般数据以外具有推理、联想、学习和解释等知识处理能力的计算机。在性能提高的基础上其应用范围和涉及技术领域明显扩大，问题推理、知识库管理和智能化人机接口是第五代计算机的三大主要结构，尤其是智能化人机接口能够运用人类习惯的方式进行信息传输和处理，以自然语言作为最高级用户语言的模式使非专业人员也能顺畅操作计算机。不可否认，第五代计算机的研制带动软件产业发展，同时推动光学器件、光纤通信技术等一系列硬件设施的创新，极大地改变了人类生活方式。

目前人类已经进入第六代计算机—生物计算机的研制时代，通过生物工程技术生产的蛋白质分子制造生物芯片，使得信息波在计算机内部的流动方式贴近人体大脑运作方式，从而具有类似于人体大脑的适应力和判断力。1994 年美国运用生物计算机原理成功解决虚构的 7 个城市间最佳道路走向，2000 年美国采用最新表面化学技术极大简化了生物计算机的运算程序，为生物计算机真正问世扫清障碍，2004 年我国首次在试管中完成 DNA 计算机雏形研究工作，在实验中将自动机与表面 DNA 计算相结合，表明我国的生物计算机研究取得重大进展。

二、计算机在当代的应用领域

计算机在不断更新换代中已经由体积庞大、操作复杂的科技产品成为与人们日常生活息息相关的"必需品"，随着社会发展，计算机应用走进千家万户、千行万业，深刻改变了人们的生活、学习和工作方式。数据处理和科学计算是计算机出现以来最基础的应用，从生活层面来看，财务账单录入、人事管理、图书资料管理、商业数据分享、文献检索等工作都需要计算机参与，据统计全球计算机用于数据处理的工作量占总工作量的80%以上；从科研层面来看，小到人们每日需要的天气预报和自然灾害预警，大到航空器、火箭、导弹的设计都离不开计算机的精确计算。自动控制指借助计算机对某一任务实行自动操作，一些高精尖设备企业、石油化工企业和航空航天企业生产线设计复杂，操作难度高且具有一定程度危险，计算机能够按照预设目标和流程进行自动控制，不仅释放人力，减少人力成本，还提高了生产效率和产品质量。

人工智能是近几年较为流行的计算机应用类型，虽然科研仍未完全成熟，但在部分领域的运用情况表明其具有巨大的发展潜力。智能医疗诊断系统、多国语言实时翻译系统、机器人等都属于人工智能范畴，计算机模拟人脑功能而具有"思维"能力，使得计算机能够替代部分人类行为并创造大量优质效益。除此以外，计算机网络、计算机辅助设计、多媒体都是计算机应用领域，人们能够借助多媒体观看高清电影，玩转VR游戏，能够利用计算机绘图，制作课件和动画，能够在全球最大的互联网Internet上自由浏览信息，选购商品，与远在地球另一边的陌生人互动，也能够通过计算机进行远程学习，参加远程会议，可以说丰富的计算机应用使人们的生活发生天翻地覆的变化，让每个人拥有更多元化的选择空间和更个性的生活方式。

纵观20世纪以来全球计算机发展历史，可以看到正是因为一代代有志之士的竭诚努力，计算机技术才得以获得一次次跨越式进步，计算机才能够走进人们生活发挥重大的作用。感悟过去是为了展望未来，回顾计算机发展历史能够为我国计算机科研提供新的灵感和思路。同时也能够为我国的信息化战略提供更好的帮助与支持。

第五节　计算机云计算的数据存储技术

进入21世纪以后，由于我国科学技术的快速发展，加上网络时代的进一步到来，使得云计算应运而生。计算机云计算对于当代社会来说发挥着十分重要地带意义，并且能够通过云计算的数据存储技术，解决了当前硬盘损坏造成数据丢失，或者是存储空间不够，难以存储所有数据的难题。计算机云计算的数据存储技术促进了当代社会的发展，并且给各行各业的人们带来了较大的便利，对于提高人们生活水平有着重要的促进作用。因此，本节将通过对计算机云计算的数据存储技术进行了解，分析计算机云计算的数据存储技术的优势，旨在为相关人员提供一定的借鉴意义。

一、计算机云计算的数据存储技术

所谓云计算指的是通过网络的形式共享资源。计算机的云计算储存技术主要包括四个层次，存储层、基础管理层、应用接口层以及访问层。存储层就是存储用户的数据基础，管理层是通过管理各种储存设备，能够为用户提供较为优质的服务，应用接口层则是可以进行网络接入、用户认证等等功能，访问层则是可以让被授权的用户通过访问层对云计算储存系统进行相应的访问。通过这四个层次的设置，能够有效地促进计算机的云计算储存技术在计算机用户中的使用。云计算的出现，使得计算机用户在使用计算机的过程中更加方便快捷，并且满足了用户存储数据的实际需要，而云计算技术的主要是依靠软件服务技术，网络服务技术以及平台技术三种方式来实现的，通过借助相关的浏览器将应用程序和具体的应用上传至给客户，能够使得客户下载相关软件使用。其次可以通过利用互联网来上传相关资料数据，最后可以通过利用中间商开发相关程序进入应用下载有关数据，通过这三种数据使得目前云计算技术在计算机用户中使用较为广泛。

目前云计算体系能够有效地保证云计算技术顺利在计算机用户中的推广，目前我们应用较为广泛的云计算储存技术，包括 GFS 和 HDFS，很多公司都会利用 HDFS。这两种方式各有各自的特点，GFS 主要适用于大数据的访问，而对于一些小型公司而言，他们只需要利用 HDFS 来进行小范围的访问，通过利用不同的云计算储存技术，能够有效满足个人用户以及公司的实际需要。在目前的计算机存储系统中，部分的存储系统能够有效地实现不同数据之间的传送协议，使得信息能够在不同的平台上实现共享，保障相关用户能够及时交流，并且针对当前整个计算机网络数据库中的程序以及问题优化问题，必须要求相关人员提高重视程度，定期进行相应的检查，并且针对用户的需求，有效改善当前的配置，不断地提高计算机云计算的数据存储技术在计算机用户中的使用，不断满足用户的实际需要，保障数据存储的安全性，积极提高其运行效率。

二、计算机云计算的数据存储技术优势分析

（一）处理速率快

首先，计算机云计算的数据存储技术来处理大数据效率十分快。当前我们利用云计算来处理大数据，能够通过计算机内部的数据处理系统来分析所有收集到的数据，同时能够对所有的数据进行挖掘，不断地完善整个计算机内部处理系统。通过对虚拟空间的应用能够使得云计算在收集数据过程中不断地提高自身的处理速度，有效保障整个计算机系统同时运行，同时能够将所有的数据分割成不同的板块，使得所有数据分析能够同时进行，不断地提高计算的运行效率。

（二）兼容性强

其次，利用云计算来分析大数据能够有效利用其兼容性强的优势，不断地提高分析数据的效率。云计算的应用能够使得计算机大数据处理技术的兼容性不断提高，通过云计算的语句处理能够不断完善整个信息资源，实现对整个计算机系统中的大数据分析系统进行相应的调节与控制，同时利用云计算，能够使得所有的信息资源不断地被调节控制，使得计算机系统中的信息应用范围不断完善，保障数据的完整性和科学性。

（三）数据存储空间性大

最后，计算机云计算的数据存储技术具有较大的数据存储空间，能够满足当前时代发展的需要。利用云计算能够有效地将数据存储在虚拟的空间之内，不断地完善整个资源数据库，利用云计算采取虚拟空间存储技术能够使得计算机系统的大数据处理系统的综合性应用提供了较大的存储空间，进而能够有效保障整个计算机系统中大数据处理的完整性，合理有效建立数据库，为今后的研究发展提供一定的借鉴。

综上所述，目前计算机云计算的数据存储技术对于计算机用户来说有着十分重要的意义，我们可以有效利用数据存储技术存储我们所需要的资源，并且通过有关平台实现资源共享，保障整个团队能够在短时间内得到有关数据，在传输的过程中，能够有效避免黑客攻击因此相关人员应该要积极的推动计算机云计算的数据存储技术的应用，积极保障所有用户的信息安全，使得目前计算机用户在使用计算机云计算的数据存储技术存储数据的过程中能够有效规避风险。

第二章 计算机前沿理论研究

第一节 计算机理论中的毕达哥拉斯主义

现代计算机理论源于古希腊毕达哥拉斯主义和柏拉图主义，是毕达哥拉斯数学自然观的产物。计算机结构体现了数学助发现原则。现代计算机模型体现了形式化、抽象性原则。自动机的数学、逻辑理论都是寻求计算机背后的数学核心顽强努力的结果。

现代计算机理论不仅包含计算机的逻辑设计，还包含后来的自动机理论的总体构想与模型（自动机是一种理想的计算模型，即一种理论计算机，通常它不是指一台实际运作的计算机，但是按照自动机模型，可以制造出实际运作的计算机）。现代计算机理论是高度数字化、逻辑化的。如果探究现代计算机理论思想的哲学方法论源泉，我们可以发现，它是源于古希腊毕达哥拉斯主义和柏拉图主义的，是毕达哥拉斯数学自然观的产物，下面我将对此做些探讨。

一、毕达哥拉斯主义的特点

毕达哥拉斯主义是由毕达哥拉斯学派所创导的数学自然观的代名词。数学自然观的基本理念是"数乃万物之本原"。具体地说，毕达哥拉斯主义者认为："'数学和谐性'是关于宇宙基本结构的知识的本质核心，在我们周围自然界那种富有意义的秩序中，必须从自然规律的数学核心中寻找它的根源。换句话说，在探索自然定律的过程中，'数学和谐性'是有力的启发性原则。"

毕达哥拉斯主义的内核是唯有通过数和形才能把握宇宙的本性。毕达哥拉斯的弟子菲洛劳斯说过："一切可能知道的事物，都具有数，因为没有数而想象或了解任何事物是不可能的。"毕达哥拉斯学派把适合于现象的抽象的数学上的关系，当作事物何以如此的解释，即从自然现象中抽取现象之间和谐的数学关系。"数学和谐性"假说具有重要的方法论意义和价值。因此，"如果和谐的宇宙是由数构成的，那么自然的和谐就是数的和谐，自然的秩序就是数的秩序"。

这种观念令后世科学家不懈地去发现自然现象背后的数量秩序，不仅对自然规律做出定性描述，还做出定量描述，取得了一次次重大的成功。

柏拉图发展了毕达哥拉斯主义的数学自然观。在《蒂迈欧篇》中，柏拉图描述了由几何和谐组成的宇宙图景，他试图表明，科学理论只有建立在数量的几何框架上，才能揭示瞬息万变的现象背后永恒的结构和关系。柏拉图认为自然哲学的首要任务，在于探索隐藏在自然现象背后的可以用数和形来表征的自然规律。

二、现代计算机结构是数学启发性原则的产物

1945 年，题为《关于离散变量自动电子计算机的草案》（EDVAC）的报告具体地介绍了制造电子计算机和程序设计的新思想。1946 年 7、8 月间，冯·诺伊曼和赫尔曼·戈德斯汀、亚瑟勃克斯在 EDVAC 方案的基础上，为普林斯顿大学高级研究所研制 IAS 计算机时，又提出了一个更加完善的设计报告——《电子计算机逻辑设计初探》。以上两份既有理论又有具体设计的文件，首次在世界上掀起了一股"计算机热潮"，它们的综合设计思想标志着现代电子计算机时代的真正开始。

这两份报告确定了现代电子计算机的范式由以下几部分构成：（1）运算器；（2）控制器；（3）存储器；（4）输入；（5）输出。就计算机逻辑设计上的贡献，第一台计算机 ENIAC 研究小组组织者戈德斯汀曾这样写道："就我所知，冯·诺伊曼是第一个把计算机的本质理解为是行使逻辑功能，而电路只是辅助设施的人。他不仅是这样理解的，而且详细精确地研究了这两个方面的作用以及相互的影响。"

计算机逻辑结构的提出与冯·诺伊曼把数学和谐性、逻辑简单性看作是一种重要的启发原则是分不开的。在 20 世纪 30-40 年代，申农的信息工程、图灵的理想计算机理论、匈牙利物理学家奥特维对人脑的研究以及麦卡洛克 - 皮茨的论文《神经活动中思想内在性的逻辑演算》引发了冯·诺伊曼对信息处理理论的兴趣，他关于计算机的逻辑设计的思想深受麦卡洛克和皮茨的启发。

1943 年麦卡洛克 - 皮茨《神经活动中思想内在性的逻辑演算》一文发表后，他们把数学规则应用于大脑信息过程的研究给冯·诺伊曼留下了深刻的印象。该论文用麦卡洛克在早期对精神粒子研究中发展出来的公理规则，以及皮茨从卡尔纳普的逻辑演算和罗素、怀特海《数学原理》发展出来的逻辑框架，表征了神经网络的一种简单的逻辑演算方法。他们的工作使冯·诺伊曼看到了将人脑信息过程数学定律化的潜在可能。"当麦卡洛克和皮茨继续发展他们的思想时，冯·诺伊曼开始沿着自己的方向独立研究，使他们的思想成为其自动机逻辑理论的基础"。

在《控制与信息严格理论》（Rigorous Theories of Control and Information）一文的开头部分，冯·诺伊曼讨论了麦卡洛克 - 皮茨《神经活动中思想内在性的逻辑演算》以及图灵在通用计算机上的工作，认为这些想象的机器都是与形式逻辑共存的，也就是说，自动机所能做的都可以用逻辑语言来描述，反之，所有能用逻辑语言严格描述的也可以由自动机来做。他认为麦卡洛克 - 皮茨是用一种简单的数学逻辑模型来讨论人的神经系统，而不是

局限于神经元真实的生物与化学性质的复杂性。相反，神经元被当作一个"黑箱"，只研究它们输入、输出讯号的数学规则以及神经元网络结合起来进行运算、学习、存储信息、执行其他信息的过程任务。冯·诺伊曼认为麦卡洛克 - 皮茨运用了数学中公理化方法，是对理想细胞而不是真实的细胞做出研究，前者比后者更简洁，理想细胞具有真实细胞的最本质特征。

在冯·诺伊曼 1945 年有关 EDVAC 机的设计方案中，所描述的存储程序计算机便是由麦卡洛克和皮茨设想的"神经元"（neurons）所构成，而不是从真空管、继电器或机械开关等常规元件开始。受麦卡洛克和皮茨理想化神经元逻辑设计的启发，冯·诺伊曼设计了一种理想化的开关延迟元件。这种理想化计算元件的使用有以下两个作用：（1）它能使设计者把计算机的逻辑设计与电路设计分开。在 ENIAC 的设计中，设计者们也提出过逻辑设计的规则，但是这些规则与电路设计规则相互联系、相互纠结。有了这种理想化的计算元件，设计者就能把计算机的纯逻辑要求（如存储和真值函项的要求）与技术状况（材料和元件的物理局限等）所提出的要求区分开来考虑。（2）理想化计算元件的使用也为自动机理论的建立奠定了基础。理想化元件的设计可以借助数理逻辑的严密手段来实现，能够抽象化、理想化。

冯·诺伊曼的朋友兼合作者乌拉姆也曾这样描述他："冯·诺伊曼是不同的。他也有几种十分独特的技巧，（很少有人能具有多于 2、3 种的技巧。）其中包括线性算子的符号操作。他也有一种对逻辑结构和新数学理论的构架、组合超结构的，捉摸不定的'普遍意义下'的感觉。在很久以后，当他变得对自动机的可能性理论感兴趣时，当他着手研究电子计算机的概念和结构时，这些东西被派了用处。"

三、自动机模型中体现的抽象化原则

现代自动机模型也体现了毕达哥拉斯主义的抽象性原则。在《自动机理论：构造、自繁殖、齐一性》（The Theory of Automata：construction，Reproduction，Homogenenity，1952-1953）这部著作中，计算机研究者们提出了对自动机的总体设想与模型，一共设想了五种自动机模型：动力模型（kinematic model）、元胞模型（cellular model）、兴奋 -阈值 - 疲劳模型（excitation-threshhold-fatigue）、连续模型（continuous model）和概率模型（probabilistic model）。为了后面的分析，我们先简要地介绍这五个模型。

第一个模型是动力模型。动力模型处理运动、接触、定位、融合、切割、几何动力问题，但不考虑力和能量。动力模型最基本的成分是：储存信息的逻辑（开关）元素与记忆（延迟）元素、提供结构稳定性的梁（girder）、感知环境中物体的感觉元素、使物体运动的动力元素、连接和切割元素。这类自动机有八个组

成部分：刺激器官、共生器官（coincidence organ）、抑制器官（inhibitory organ）、刺激生产者、刚性成员（rigid members）、融合器官（fusing organ）、切割器官（cutting organ）、肌肉。其中四个部分用来完成逻辑与信息处理过程：刺激器官接受并传输刺激，它分开接受刺激，即实现"p 或 q"的真值；共生器官实现"p 和 q"的真值；抑制器官实现"p 和劮 q"的真值；刺激生产者提供刺激源。刚性成员为建构自动机提供刚性框架，它们不传递刺激，可以与同类成员相连接，也可以与非刚性成员相连接，这些连接由融合器官来完成。当这些器官被刺激时，融合器官把它们连接在一起，这些连接可以被切割器官切断。第八个部分是肌肉，用来产生动力。

第二个模型是元胞模型。在该模型中，空间被分解为一个个元胞，每个元胞包含同样的有限自动机。冯·诺伊曼把这些空间称之为"晶体规则"（crystalline regularity）、"晶体媒介"（crystalline medium）、"颗粒结构"（granular structure）以及"元胞结构"（cellular structure）。对于自繁殖（self-reproduction）的元胞结构形式，冯·诺伊曼选择了正方形的元胞无限排列形式。每个元胞拥有 29 态有限自动机。每个元胞直接与它的四个相邻元胞以延迟一个单位时间交流信息，它们的活动由转换规则来描述（或控制）。29 态包含 16 个传输态（transmission state）、4 个合流态（confluent state）、1 个非兴奋态、8 个感知态。

第三个模型是兴奋-阈值-疲劳模型，它建立在元胞模型的基础上。元胞模型的每个元胞拥有 29 态，冯·诺伊曼模拟神经元胞拥有疲劳和阈值机制来构造 29 态自动机，因为疲劳在神经元胞的运作中起了重要的作用。兴奋-阈值-疲劳模型比元胞模型更接近真正的神经系统。一个理想的兴奋-阈值-疲劳神经元胞有指定的开始期及不应期。不应期分为两个部分：绝对不应期和相对不应期。如果一个神经元胞不是疲劳的，当激活输入值等于或超过其临界点时，它将变得兴奋。当神经元胞兴奋时，将发生两种状况：（1）在一定的延迟后发出输出信号、不应期开始，神经元胞在绝对不应期内不能变得兴奋；（2）当且仅当激活输入数等于或超过临界点，神经元胞在相对不应期内可以变得兴奋。当兴奋-阈值-疲劳神经元胞变得兴奋时，必须记住不应期的时间长度，用这个信息去阻止输入刺激对自身的平常影响。于是这类神经元胞并用开关、延迟输出、内在记忆以及反馈信号来控制输入讯号，这样的装置实际上就是一台有限自动机。

第四个模型是连续模型。连续模型以离散系统开始，以连续系统继续，先发展自增殖的元胞模型，然后划归为兴奋-阈值-疲劳模型，最后用非线性偏微分方程来描述它。自繁殖的自动机的设计与这些偏微分方程的边际条件相对应。他的连续模型与元胞模型的区别就像模拟计算机与数字计算机的区别一样，模拟计算机是连续系统，而数字计算机是离散系统。

第五个模型是概率模型。研究者们认为自动机在各种态（state）上的转换是概率的而不是决定的。在转换过程有产生错误的概率，发生变异，机器运算的精确性将降低。《概率逻辑与从不可靠元件到可靠组织的综合》一文探讨了概率自动机，探讨了在自动机合成中逻辑错误所起的作用。"对待错误，不是把它当作是额外的、由于误导而产生的事故，而是把它当作思考过程中的一个基本部分，在合成计算机中，它的重要性与对正确的逻辑结构的思考一样重要"。

从以上自动机理论中可以看出，冯·诺伊曼对自动机的研究是从逻辑和统计数学的角度切入，而非心理学和生理学。他既关注自动机构造问题，也关注逻辑问题，始终把心理学、生理学与现代逻辑学相结合，注重理论的形式化与抽象化。《自动机理论：建造、自繁殖、齐一性》开头第一句话就这样写道："自动机的形式化研究是逻辑学、信息论以及心理学研究的课题。单独从以上某个领域来看都不是完整的。所以要形成正确的自动机理论必须从以上三个学科领域吸收其思想观念。"他对自然自动机和人工自动机运行的研究，都为自动机理论的形式化、抽象化部分提供了经验素材。

冯·诺伊曼在提出动力学模型后，对这个模型并不满意，因为该模型仍然是以具体的原材料的吸收为前提，这使得详细阐明元件的组装规则、自动机与环境之间的相互作用以及机器运动的很多精确的简单规则变得非常困难，这让冯·诺伊曼感到，该模型没有把过程的逻辑形式和过程的物质结构很好地区分开来。作为一个数学家，冯·诺伊曼想要的是完全形式化的抽象理论，他与著名的数学家乌拉姆探讨了这些问题，乌拉姆建议他从元胞的角度来考虑。冯·诺伊曼接受了乌拉姆的建议，于是建立了元胞自动机模型。该模型既简单抽象，又可以进行数学分析，很符合冯·诺伊曼的意愿。

冯·诺伊曼是第一个把注意力从研究计算机、自动机的机械制造转移到逻辑形式上的计算机专家，他用数学和逻辑的方法揭示了生命的本质方面——自繁殖机制。在元胞自动机理论中，他还研究了自繁殖的逻辑，并天才地预见到，自繁殖自动机的逻辑结构在活细胞中也存在，这都体现了毕达哥拉斯主义的数学理性。冯·诺伊曼最先把图灵通用计算机概念扩展到自繁殖自动机，他的元胞自动机模型，把活的有机体设想为自繁殖网络并第一次提出为其建立数学模型，也体现了毕达哥拉斯主义通过数和形来把握事物特征的思想。

四、自动机背后的数学和谐性追求

自动机的研究工作基于古老的毕达哥拉斯主义的信念——追求数学和谐性。冯·诺伊曼在早期的计算机逻辑和程序设计的工作中，就认识到数理逻辑将在新的自动机理论中起着非常重要的作用，即自动机需要恰当的数学理论。他在研究自动机理论时，注意到了数理逻辑与自动机之间的联系。从上面关于自动机理论的介绍中可以看出，他的第一个自增殖模型是离散的，后来又提出了一个连续模型和概率模型。从自动机背后的数学理论中可以看出，讨论重点是从离散数学逐渐转移到连续数学，在讨论了数理逻辑之后，转而讨论了概率逻辑，这都体现了研究者对自动机背后数学和谐性的追求。

在冯·诺伊曼撰写关于自动机理论时，他对数理逻辑与自动机的紧密关系已非常了解。库尔特·哥德尔通过表明逻辑的最基本的概念（如合式公式、公理、推理规则、证明）在本质上是递归的，他把数理逻辑还原为计算理论，认为递归函数是能在图灵机上进行计算的函数，所以可以从自动机的角度来看待数理逻辑。反过来，数理逻辑亦可用于自动机的分析和综合。自动机的逻辑结构能用理想的开关 - 延迟元件来表示，然后翻译成逻辑符号。

不过，冯·诺伊曼感觉到，自动机的数学与逻辑的数学在形式特点上是有所不同的。他认为现存的数理逻辑虽然有用，但对于自动机理论来说是不够的。他相信一种新的自动机逻辑理论将兴起，它与概率理论、热力学和信息理论非常类似并有着紧密的联系。

20世纪40年代晚期，冯·诺伊曼在美国加州帕赛迪纳的海克森研讨班上做了一系列演讲，演讲的题目是《自动机的一般逻辑理论》，这些演讲对自动机数学逻辑理论做了探讨。在1948年9月的专题研讨会上，冯·诺伊曼在宣读《自动机的一般逻辑理论》时说道："请大家原谅我出现在这里，因为我对这次会议的大部分领域来说是外行。甚至在有些经验的领域——自动机的逻辑与结构领域，我的关注也只是在一个方面，数学方面。我将要说的也只限于此。我或许可以给你们一些关于这些问题的数学方法。"

冯·诺伊曼认为在目前还没有真正拥有自动机理论，即恰当的数理逻辑理论，他对自动机的数学与现存的逻辑学做了比较，并提出了自动机新逻辑理论的特点，指出了缺乏恰当数学理论所造成的后果。

（一）自动机数学中使用分析数学方法，而形式逻辑是组合的

自动机数学中使用分析数学方法有方法论上的优点，而形式逻辑是组合的。"搞形式逻辑的人谁都会确认，从技术上讲，形式逻辑是数学上最难驾驭的部分之一。其原因在于，它处理严格的全有或全无概念，它与实数或复数的连续性概念没有什么联系，即与数学分析没有什么联系。而从技术上讲，分析是数学最成功、最精致的部分。因此，形式逻辑由于它的研究方法与数学的最成功部分的方法不同，因而只能成为数学领域的最难的部分，只能是组合的"。

冯·诺伊曼指出，比起过去和现在的形式逻辑（指数理逻辑）来，自动机数学的全有或全无性质很弱。它们组合性极少，分析性却较多。事实上，有大量迹象可使我们相信，这种新的形式逻辑系统（按：包含非经典逻辑的意味）接近于别的学科，这个学科过去与逻辑少有联系。也就是说，具有玻尔兹曼所提出的那种形式的热力学，它在某些方面非常接近于控制和测试信息的理论物理学部分，多半是分析的，而不是组合的。

（二）自动机逻辑理论是概率的，而数理逻辑是确定性的

冯·诺伊曼认为，在自动机理论中，有一个必须要解决好的主要问题，就是如何处理自动机出现故障的概率的问题，该问题是不能用通常的逻辑方法解决的，因为数理逻辑只能进行理想化的开关-延迟元件的确定性运算，而没有处理自动机故障的概率的逻辑。因此，在对自动机进行逻辑设计时，仅用数理逻辑是不够的，还必须使用概率逻辑，把概率逻辑作为自动机运算的重要部分。冯·诺伊曼还认为，在研究自动机的功能上，必须注意形式逻辑以前从没有出现的状况。既然自动机逻辑中包含故障出现的概率，那么我们就应该考虑运算量的大小。数理逻辑通常考虑的是，是不是能借助自动机在有穷步骤内完成运算，而不考虑运算量有多大。但是，从自动机出现故障的实际情况来看，运算步骤越多，出故

障（或错误）的概率就越大。因此，在计算机的实际应用中，我们必须要关注计算量的大小。在冯·诺伊曼看来，计算量的理论和计算出错的可能性既涉及连续数学，又涉及离散数学。

"就整个现代逻辑而言，唯一重要的是一个结果是否在有限几个基本步骤内得到。而另一方面形式逻辑不关心这些步骤有多少。无论步骤数是大还是小，它不可能在有生的时间内完成，或在我们知道的星球宇宙设定的时间内不能完成，也没什么影响。在处理自动机时，这个状况必须做有意义的修改"。

就一台自动机而言，不仅在有限步骤内要达到特定的结果，而且还要知道这样的步骤需要多少步，这有两个原因：第一，自动机被制造是为了在某些提前安排的区间里达到某些结果；第二，每个单独运算中，采用的元件的大小都有失败的可能性，而不是零概率。在比较长的运算链中，个体失败的概率加起来可以（如果不检测）达到一个单位量级——在这个量级点上它得到的结果完全不可靠。这里涉及的概率水平十分低，而且在一般技术经验领域内排除它也并不是遥不可及。如果一台高速计算机器处理一类运算，必须完成1012个运算，那么可以接受的单个运算错误的概率必须小于10-12。如果每个单个运算的失败概率是10-8量级，当前认为是可接受的，如果是10-9就非常好。高速计算机器要求的可靠性更高，但实际可达到的可靠性与上面提及的最低要求相差甚远。

也就是说，自动机的逻辑在两个方面与现有的形式逻辑系统不同：

（1）"推理链"的实际长度，也就是说，要考虑运算的链。

（2）逻辑运算（三段论、合取、析取、否定等在自动机的术语里分别是门［gating］、共存、反-共存、中断等行为）必须被看作是容纳低概率错误（功能障碍）而不是零概率错误的过程。

所有这些，重新强调了前面所指的结论：我们需要一个详细的、高度数字化的、更典型、更具有分析性的自动机与信息理论。缺乏自动机逻辑理论是一个限制我们的重要因素。如果我们没有先进而且恰当的自动机和信息理论，我们就不可能建造出比我们现在熟知的自动机具有更高复杂性的机器，就不太可能产生更具有精确性的自动机。

以上是冯·诺伊曼对现代自动机理论数学、逻辑理论方法的探讨。他用数学和逻辑形式的方法揭示了自动机最本质的方面，为计算机科学特别是自动机理论奠定了数学、逻辑基础。总之，冯·诺伊曼对自动机数学的分析开始于数理逻辑，并逐渐转向分析数学，转向概率论，最后讨论了热力学。通过这种分析建立的自动机理论，能使我们把握复杂自动机的特征，特别是人的神经系统的特征。数学推理是由人的神经系统实施的，而数学推理借以进行的"初始"语言类似于自动机的初始语言。因此，自动机理论将影响逻辑和数学的基本概念，这是很有可能的。冯·诺伊曼说："我希望，对神经系统所做的更深入的数学研讨……将会影响我们对数学自身各个方面的理解。事实上，它将会改变我们对数学和逻辑学的固有的看法。"

现代计算机的逻辑结构以及自动机理论中对数学、逻辑的种种探讨，都是寻求计算机背后的数学核心的顽强努力。数学助发现原则以及逻辑简单性、形式化、抽象化原则都在计算机研究中得到了充分的应用，这都体现了毕达哥拉斯主义数学自然观的影响。

第二节 计算机软件的应用理论

随着时代的进步，科技的革新，我国在计算机领域已经取得了很大的成就，计算机网络技术的应用给人类社会的发展带来了巨大的革新，加速了现代化社会的构建速度。文章就"关于计算机软件的应用理论探讨"这一话题展开了一个深刻的探讨，详细阐述了计算机软件的应用理论，以此来强化我国计算机领域的技术人员对计算机软件工程项目创新与完善工作的重视程度，使得我国计算机领域可以正确对待关于计算机软件的应用理论研究探讨工作，从根本上掌握计算机软件的应用理论，进而增强他们对计算机软件应用理论的掌握程度，研究出新的计算机软件技术。

一、计算机软件工程

当今世界是一个趋于信息化发展的时代，计算机网络技术的不断进步在很大程度上影响着人类的生活。计算机在未来的发展中将会更加趋于智能化发展，智能化社会的构建将会给人们带来很多新的体验。而计算机软件工程作为计算机技术中比较重要的一个环节，肩负着重大的技术革新使命，目前，计算机软件工程技术已经在我国的诸多领域中得到了应用，并发挥了巨大的作用，该技术工程的社会效益和经济效益的不断提高将会从根本上促进我国总体的经济发展水平的提升。总的来说，我国之所以要开展计算机软件工程管理项目，其根本原因在于给计算机软件工程的发展提供一个更为坚固的保障。计算机软件工程的管理工作同社会上的其他项目管理工作具有较大的差别，一般的项目工程的管理工作的执行对管理人员的专业技术要求并不高，难度也处于中等水平。但计算机软件工程项目的管理工作对项目管理的相关工作人员的职业素养要求十分高，管理人员必须具备较强的计算机软件技术，能够在软件管理工作中完成一些难度较大的工作，进而维护计算机软件工程项目的正常运行。为了能够更好地帮助管理人员学习计算机软件相关知识，企业应当为管理人员开设相应的计算机软件应用理论课程，从而使其可以全方位地了解到计算机软件的相关知识。计算机软件应用理论是计算机的一个学科分系，其主要是为了帮助人们更好地了解计算机软件的产生以及用途，从而方便人们对于计算机软件的使用。在计算机软件应用理论中，计算机软件被分为了两类，其一为系统软件，第二则为应用软件。系统软件顾名思义是系统以及系统相关的插件以及驱动等所组成的。例如在我们生活中所常用的Windows7、Windows8、Windows10以及Linux系统、Unix系统等均属于系统软件的范畴，此外我们在手机中所使用的塞班系统、Android系统以及iOS系统等也属于系统软件，甚至华为公司所研发的鸿蒙系统也是系统软件之一。在系统软件中不但包含诸多的电脑系统、手机系统，同时还具有一些插件。例如，我们常听说的某某系统的汉化包、扩展包等也是属于系统软件的范畴。同时，一些电脑中以及手机中所使用的驱动程序也是系统软件之一。例如，电脑中用于显示的显卡驱动、用于发声的声卡驱动和用于连接以太网、WiFi 的网卡驱动等。而应用软件则可以理解为是除了系统软件所剩下的软件。

二、计算机软件开发现状分析

虽然，随着信息化时代的到来，我国涌现出了许多的计算机软件工程相应的专业性人才，然而目前我国的计算机软件开发仍具有许多的问题。例如缺乏需求分析、没有较好的完成可行性分析等。下面，将对计算机软件开发现状进行详细分析。

（一）没有确切明白用户需求

首先，在计算机软件开发过程中最为严重的问题就是没有确切的明白用户的需求。在进行计算机软件的编译过程中，我们所采用的方式一般都是面向对象进行编程，从字面意思中我们可以明确地了解到用户的需求将对软件所开发的功能起到决定性的作用。同时，在进行软件开发前，我们也需要针对软件的功能等进行需求分析文档的建立。在这其中，我们需要考虑到本款软件是否需要开发，以及在开发软件的过程中我们需要制作怎样的功能，而这一切都取决于用户的需求。只有可以满足用户的一切需求的软件才是真正意义上的优质软件。而若是没有确切的明白用户的需求就进行盲目开发，那么在对软件的功能进行设计时将会出现一定的重复、不合理等现象。同时经过精心制作的软件也由于没有满足用户的需求而不会得到大众的认可。因此，在进行软件设计时，确切的明白用户的需求是十分必要的。

（二）缺乏核心技术

其次，在现阶段的软件开发过程中还存在有缺乏核心技术的现象。与西方一些发达国家以及美国等相比，我国的计算机领域研究开展较晚，一些核心技术也较为落后。并且，我国的大部分编程人员所使用的编程软件的源代码也都是西方国家以及美国所有。甚至开发人员的环境都是在美国微软公司所研发的 Windows 系统以及芬兰人所共享的 Linux 系统中所进行的。因此，我国的软件开发过程中存在着极为严重的缺乏核心技术的问题。这不但会导致我国所开发出的一些软件在质量上与国外的软件存在着一定的差异，同时也会使得我国所研发的软件缺少一定的创新性。这同时也是我国所研发的软件时常会出现更新以及修复补丁的现象的原因所在。

（三）没有合理地制定软件开发进度与预算

再者，我国的软件开发现状还存在没有合理地制定软件开发进度与预算的问题。在上文中，我们曾提到在进行软件设计、开发前，我们首先需要做好相应的需求分析文档。在做好需求分析文档的同时，我们还需要制作相应的可行性分析文档。在可行性分析文档中，我们需要详细地规划出软件设计所需的时间以及预算，并制定相应的软件开发进度。在制作完成可行性分析文档后，软件开发的相关人员需要严格地按照文档中的规划进行开发，否则这将会对用户的使用以及国家研发资金的投入造成严重的影响。

（四）没有良好的软件开发团队

同时，在我国的计算机软件开发现状中还存在没有良好的软件开发团队的问题。在进行软件开发时，需要详细地设计计算机软件的前端、后台以及数据库等相关方面。并且在进行前端的设计过程中也需要划分美工的设计、排版的设计以及内容和与数据库连接的设计。在后台中同时也需要区分为数据库连接、前端连接以及各类功能算法的实现和各类事件响应的生成。因此，在软件的开发过程中拥有一个良好的软件研发团队是极为必要的。这不但可以有效帮助软件开发人员减少软件开发的所需时间，同时也可以有效地提高软件的质量，使其更加符合用户的需求。而我国的软件开发现状中就存在没有良好的软件开发团队的问题。这个问题主要是由于在我国的软件开发团队中，许多的技术人员缺乏高端软件的开发经验，同时许多的技术人员都具有相同的擅长之处。这都是造成这一问题的主要原因。同时，技术人员缺乏一定的创新性也是造成我国缺少良好的软件开发团队的主要原因之一。

（五）没有重视产品调试与宣传

在我国的软件开发现状中还存在没有重视产品的调试与宣传的问题。在上文中，曾提到过在进行软件开发工作前，我们首先需要制作可行性分析文档以及需求分析文档。在完成相应的软件开发后，我们同样需要完成软件测试文档的制作，并在文档中详细地记录在软件调试环节所使用的软件测试方法以及进行测试功能与结果。在软件测试中大致所使用的方式有白盒测试以及黑盒测试，通过这两种测试方式，我们可以详细地了解到软件中的各项功能是否可以正常运行。此外，在完成软件测试文档后，我们还需要对所开发的软件进行宣传，从而使得软件可以被众人所了解，从而充分地发挥出本软件的作用。而在我国的软件开发现状中，许多的软件开发者只注重了软件开发的过程而忽略了软件开发的测试阶段以及宣传阶段。这将会导致软件出现一定的功能性问题，例如一些功能由于逻辑错误等无法正常使用，或是其他的一些问题。而忽略了宣传阶段，则会导致软件无法被大众所了解、使用，这将会导致软件开发失去了其目的，从而造成一些科研资源以及人力资源的浪费。

三、计算机软件开发技术的应用研究

我国计算机软件开发技术主要体现在 Internet 的应用和网络通信的应用两方面。互联网技术的不断成熟，使得我国通信技术已经打破了时间空间的限制，实现了现代化信息共享单位服务平台，互联网技术的迅速发展密切了世界各国之间的联系，使得我国同其他国家直接的联系变得更加密切，加速了构建"地球村"的现代化步伐。与此同时，网络通信技术的发展也离不开计算机软件技术，计算机软件技术的不断深入发展给通信领域带来了巨大的革新，将通信领域中的信息设备引入计算机软件开发的工程作业中可以促进信息化时代数字化单位发展，从根本上加速我国整体行业领域的发展速度。相信，不久之后我国的计算机软件技术将会发展的越来越好，并逐渐向着网络化、智能化、融合化方向所靠拢。

就上文所述，可以看到当下我国计算机技术已经取得了突破性的进展，这种社会背景之下，计算机软件的种类在不断增加，多样化的计算机软件可以满足人类社会生活中的各种生活需求，使得人类社会生活能够不断趋于现代化社会发展。为了能够从根本上满足我国计算机软件工程发展中的需求，给计算机软件工程的进一步发展提供有效发展空间，当下我国必须加大对计算机软件工程项目的重视，鼓励从事计算机软件工程项目研究的技术人员不断完善自身对计算机软件的应用理论知识的掌握程度，在其内部制定出有效的管理体制，进而从根本上提高计算机软件工程项目运行的质量水平，为计算机技术领域的发展做铺垫。

第三节　计算机辅助教学理论

计算机辅助教学有利于教育改革和创新，巨大的促进了我国教育事业的发展。本节主要分析了计算机辅助教学的概念，计算机辅助教学的实践内容；计算机辅助教学对于实际教学的影响。希望对今后研究计算机辅助教学有一定的借鉴和影响。

计算机辅助教学的概念从狭义的角度来理解，就是在课堂上老师利用计算机的教学软件来对课堂内容进行设计，而学生通过老师设计的软件内容来对相关的知识进行学习。也可以理解为计算机辅助或者取代老师对学生们进行知识的传授以及相关知识的训练。同时也可以定义计算机辅助教学是利用教学软件把课堂上讲解的内容和计算机进行结合，把相关的内容用编程的方式输入给计算机，这样一来，学生在对相关的知识内容进行学习的时候，可以采用和计算机互动的方式来进行学习。老师利用计算机丰富了课堂上的教学方式，为学生创造了一个更加丰富的教学氛围，在这种氛围下，学生可以通过计算机间接的老师进行交流。我们可以理解为，计算机辅助教学是用演示的方式来进行教学，但是演示并不是计算机辅助教学的全部特点

一、计算机辅助教学的实践内容

（一）计算机辅助教学的具体方式

在我们国家，一般学校主要采用的一种课堂教学形式就是老师面对学生进行教学，这

种教学的形式已经存在了很多年，它有它存在的价值和意义。因为在老师教育学生的过程中，老师和学生的互相交流是非常重要的，学生和学生之间的互相学习也必不可少，这种人与人之间情感上的影响和互动是计算机无法取代的，所以计算机只能成为一个辅助的角色来为这种教学形式进行服务。计算机辅助教学是可以帮助课堂教学提升教学质量的，但是计算机辅助教学不一定要仅仅体现在课堂上。我们都知道老师给学生传授知识的过程分为，学生预习，老师备课，最后是课堂传授知识。在这个过程中，计算机辅助教学完全可以针对这个过程的单个环节来进行服务和帮助，例如在老师进行备课的这个环节，计算机完全可以提供一些专门的备课软件以及系统，虽然这种备课的软件服务的是老师，但是它却可以有效地提升老师备课的效率和质量，使得老师可以更好地来组织授课的内容，这其实也是从另外一个角度来对学生进行服务，因为老师的备课效率提高，最终收益的还是学生。再比如说，计算机针对学生预习和自习这个环节来进行服务和帮助，可以把老师的一些想法和考虑与计算机的相关教学软件结合起来，使得学生再利用计算机进行自习和预习的时候也得到了老师的教育。这样一来就使得学生的自习和预习的效率和质量可以得到很大的提高。

（二）无软件计算机辅助教学

利用计算进行辅助教学是需要一些专门的教学软件的，但是一些学校因为资金缺乏或者其他方面的原因，课堂上的教学软件没有得到足够的支持，一些内容没有得到及时的更新和优化。这就使得一些学校出现了利用计算机系统常用软件来进行计算机辅助教学的情况。例如一些学校利用 OFFICE 的 word 软件作为学生写作练习的辅助工具，学生利用 word 系统来进行写作练习，可以极大地提升写作的效率和质量，这样一来就可以使得学生在课堂上有更多的时间来听老师的讲解，并且在学生写作的过程中，可以更加容易保持写作的专注度，使得写作的思路更加的顺畅，在提升学生思维能力的同时，也提升了学生的打字能力，促进了学生综合能力的提高。这种计算机辅助教学的形式也是很多学校在实践的过程中会用到的。

（三）计算机和学生进行互动教学

这种计算机辅助教学的方式就是利用计算机和学生的互动来进行辅助教学，这种辅助教学的方式把网络作为基础，利用相关的教学软件来具体地辅助教学过程。针对不同学生和老师的具体需求，采用个性化的教学软件来进行服务以及配合，体现出计算机与学生进行互动的能力。另外一方面，一种利用网络远程教学的形式特别适合现今一些想学习的成人，因为成人具备一定的知识选择能力以及自我控制能力，这种人机互动的计算机辅助教学方式特别适合他们这类人群。这种人机互动的教学模式是未来教育发展的一个主要方向，它可以使得更多对知识有需要的人们更容易，更方便的参与到学习中来。当然这种形式还需要长期的实践来作为经验基础。但是笔者认为，计算机辅助教学毕竟不是教学的全部，它只是起到一个辅助的作用，我们应该把计算机辅助教学放在一个合理的位置上去看待它，计算机的辅助还是应该适度的。

二、计算机辅助教学对于实际教学的影响

（一）对于教学内容的影响

在实际的教学中，教学内容主要承担着知识传递的部分，学生主要通过教学内容来获得知识，提升自身的能力，以及学习相关的技能。计算机辅助教学的应用使得教学内容发生了一些形式上和结构上的改变，并且计算机已经成为老师和学生都必须熟练掌握的一种现代化工具。

（二）形式上的改变

以往的教学内容表现形式主要是用文字来进行表述，并且还会有些配合文字出现的简单的图形和表格，无法用声音和图像来对教学内容进行详细的表达。后来，教学内容的表现形式开始出现录像和录音的形式，可以这种表现形式也过于单一，无法满足学生的实际需求。现在通过计算机的辅助教学，可以在文本以及图画、动画、视频、音频等各个方面来表现教学内容，把要表达和传递的知识和信息表现得更加具体和丰富。一些原本很难理解的文字性概念和定理，现在通过计算机来进行立体式的表达，更加清晰，使得学生更加容易去理解。同时这种计算机辅助教学对教学内容进行表达的方式可以极大地提升信息传递的效率，把教学内容用多种方式表达出来，满足不同学生的个性化需求。

（三）对于教学组织形式的影响

1.结构上的改变

以往的教学组织形式都是采用班级教学的方式来进行，班级教学的形式主要是老师对学生进行知识的传授，在这个教学组织形式里，老师是作为主体的，因为教学的内容和流程都是老师来进行设计和制定，在整个过程中，学生都处于一个非常被动的位置，现代的教育理念都是要在课堂上以学生为主体的，这种传统的教学组织形式已经不符合当今教育发展的要求，并且无法满足不同特点学生的个性化学习需求。而计算机辅助教学则会给这种教学组织形式带来根本性的改变，在整个教学组织形式中老师将不再成为主体，学生的个性化需求也将得到满足。这种计算机辅助教学帮助下的教学组织形式可以有效地避免时间和空间的限制，利用网络来使得教学形式更加的开放，使得以往的教学组织形式变得更加分散，个体化以及社会化。对知识的学习将不再仅限于课堂上，老师所教授的学生也不仅限于一个教室的学生。学生学习知识的时候可以利用网络得到无限的资源，老师在进行知识传授的时候可以利用计算机网络得到无限的空间，并且在时间上也更加自由，不再固定在某个时间段进行学习或者授课。

2.对于教学方法的影响

教学方法是老师对学生进行教学时候非常重要的一个部分，每个老师在进行教学的时候都需要一套教学方法。以往的教学方法都是老师在课堂上对学生进行知识的传授，而现今的教学方法是老师引导学生们进行学习。这种引导式的教学方法可以有效地提升学生的思维能力，并且能够让学生的学习积极性更加强烈。通过计算机辅助教学和引导式教学相结合，使得引导式教学更加的高效。例如利用计算机来对教学内容进行演示，给学生提供视觉上和听觉上更加直观的表达方式，使得学生对于教学内容的理解更加透彻。并且利用计算机辅助教学可以有效地加强学生和老师之间的交流以及学生和学生之间的交流，并且交流的内容不仅限于文字，还可以发送图片或者视频等内容，非常有利于培养学生的交流合作能力。另外，计算机辅助教学还可以把学生学习的重点引导向知识点之间的逻辑关系上，不再只是学习单个的知识点，这样更有助于学生锻炼自身的思维能力，引导学生建立适合自身的学习风格和方式，培养学生的综合能力。

计算机辅助教学对促进我国教育起到了很大的作用，但是相对于发达国家来说，我们还有很大的差距和不足，我们应该努力开发和研究，不断完善这一教学方式，不断探索新的教学方法。同时，计算机辅助教学要更好地与课堂实际教学相结合，更好地促进我们国家的教育改革和发展。

第四节　计算机智能化图像识别技术的理论

由于我国社会经济发展，科技也在持续进步，大家开始运用互联网，计算机的应用愈发广泛，图像识别技术也一直在进步。这对我国计算机领域而言是个很大的突破，还推动了其他领域的发展。所以，文章分析了计算机智能化图像识别技术的理论突破及应用前景等，期待帮助该领域的可持续发展。

现在大家的生活质量愈发提升，越来越多的人应用计算机。生产变革对计算机也有新要求，特别是图像识别技术。智能化是现在各行各业都为此发展的方向，也是整个社会的发展趋势。但是图像技术的发展时间不长，现在只用于简单的图像问题上，没有与时俱进。所以，计算机智能化图像识别技术在理论层面突破是很关键的。

一、计算机智能化图像识别技术

计算机图像识别系统具体有：首先，图像输入，把得到的图像信息输入计算机识别；图像预处理，分离处理输入的图像，分离图像区与背景区，同时细化与二值化处理图像，有利于后续高效处理图像；特征提取，将图像特征突出出来，让图像更真实，并通过数值标注；图像分类，还要储于在不同的图像库中，方便将来匹配图像；图像匹配，对比分析已有的图片和前面有的图片，然后比较现有图片的特色，从而识别图像。计算机智能化图像识别技术手段通常包括三种：首先，统计识别法。其优势是把控最小的误差，将决策理论作为基础，通过统计学的数学建模找出图像规律；句法识别法。其作为统计法的补充，通过符号表达图像特点，基础是语言学里的句法排列，从而简化图像，有效识别结构信息；神经网络识别法，具体用于识别复杂图像，通过神经网络安排节点。

二、计算机智能化图像识别技术的特征

（1）信息量较大。识别图像信息应对比分析大量数据。具体使用时，一般是通过二维信息处理图像信息。和语言信息比较而言，图像信息频带更宽，在成像、传输与存储图像时，离不开计算机技术，这样才能大量存储。一旦存储不足，会降低图像识别准确度，造成和原图不一致。而智能化图像处理技术能够避免该问题，能够处理大量信息，并且让图像识别处理更快，确保图像清晰。

（2）关联性较大。图像像素间有很大的联系。像素作为图像的基本单位，其互相的链接点对图像识别非常关键。识别图像时，信息和像素对应，能够提取图像特征。智能化识别图像时，一直在压缩图像信息，特别是选取三维景物。由于输入图像没有三维景物的几何信息水平，必须有假设与测量，因此计算机图像识别需考虑到像素间的关联。

（3）人为因素较大。智能化图像识别的参考是人。后期识别图像时，主要是识别人。人是有自己的情绪与想法的，也会被诸多因素干扰，图像识别时难免渗入情感。所以，人为控制需要对智能化图像技术要求更高。该技术需从人为操作出发，处理图像要尽量符合人的满足，不仅要考虑实际应用，也要避免人为因素的影响，确保计算机顺利工作及图像识别真实。

三、计算机智能化图像识别技术的优势

（1）准确度高。因为现在的技术约束，只能对图像简单数字化处理。而计算机能够转化成三十二位，需要满足每位客户对图像处理的高要求。不过，人的需求会随着社会的进步而变化，所以我们必须时刻保持创新意识，开发创新更好的技术。

（2）呈现技术相对成熟。图像识别结束后的呈现很关键，现在该技术相对成熟。识别图像时，可以准确识别有关因素，如此一来，无论是怎样的情况下都可以还原图像。呈现技术还可以全面识别并清除负面影响因素，确保处理像素清晰。

（3）灵活度高。计算机图像处理能够按照实际情况放大或缩小图像。图像信息的来源很多方面，不管是细微的还是超大的，都能够识别处理。通过线性运算与非线性处理完成识别，通过二维数据灰度组合，确保图像质量，这样不但可以很快识别，还可以提升图像识别水平。

四、计算机智能化图像识别技术的突破性发展

（1）提高图像识别精准度。二维数组现在已无法满足我们对图像的期许。因为大家的需求也在不断变化，所以需要图像的准确度更高。现在正向三维数组的方向努力发展，推动处理的数据信息更加准确，进而确保图像识别更好地还原，保证高清晰度与准确度。

（2）优化图像识别技术。现在不管是什么样的领域都离不开计算机的应用，而智能化是当今的热门发展方向，大家对计算机智能化有着更高的期待。其中，最显著的就是图像智能化处理，推动计算机硬件设施与系统的不断提升。计算机配置不断提高，图像分辨率与存储空间也跟着增加。此外，三维图像处理的优化完善，也优化了图像识别技术。

（3）提升像素呈现技术。现在图像识别技术正不断变得成熟，像素呈现技术也在进步。计算机的智能化性能能够全面清除识别像素的负面影响因素，确保传输像素时不受干扰，从而得到完整真实的图像。相信关于计算机智能化图像识别技术的实际应用也会越来越多。

综上所述，本节简单分析了计算机智能化图像识别技术的理论及应用。这项技术对我国社会经济发展做出了卓越的贡献，尤其是对科技发展的作用不可小觑。它的应用领域很广，包罗万象，在特征上具有十分鲜明的准确与灵活的优势特点，让我们的生活更加方便。现阶段我国愈发重视发展科技，并且看重自主创新。所以，我们还应持续进行突破，通过实践不断积累经验，从而提升技术能力，让技术进步得更高更快，从而帮助国家实现长远繁荣的发展。

第五节　计算机大数据应用的技术理论

近几年来，先进的计算机与信息技术已经在我国得到了广泛的发展和应用，极大地丰富了人们的生活和工作，并且有效促进了我国生产技术的发展。与此同时，计算机技术的性能也在不断更新和完善，并且其应用范围也不断扩大。尽管先进的计算机技术给各个领域的发展带来极大的促进作用，然而在计算机技术的应用过程中仍然存在着诸多问题，这主要是由于计算机技术的不断发展使得计算机网络数据量与数据类型不断扩大，因而使得数据的处理和存储成为影响计算机技术应用的一大重要问题。本节将围绕计算机大数据应用的技术理论展开讨论，详细分析当前计算机技术应用过程中存在的问题，并就这些问题提出相应的解决措施。

计算机技术的发展在给人们的生活和工作带来便利的同时也隐藏着诸多不利因素，因此，为了能够有效地促进计算机技术为人类所用，必须对其存在的一些问题进行解决。计算机技术的成熟与发展推动了大数据时代的到来，从其应用范围来说，大数据所涉及的领域非常广泛，其中包括：教育教学、金融投资、医疗卫生以及社会时事等一系列领域，由

此可见，计算机网络数据与人们的生活和工作联系及其紧密，因此，确保网络数据的安全与高效处理成为相关技术人员的重要任务之一。

一、计算机大数据的合理应用给社会带来的好处

（一）提高了各行业的生产效率

先进技术的大范围合理应用给社会各行各业带来了诸多便利，有效提高了各行业的生产效率。譬如：将计算机技术应用到教育教学领域可以有效提高教育水平，这得益于计算机技术一方面可以改善教师的教学用具，从而可以有效减轻教师的教学重担；另一方面可以为学生营造一个更加舒适的学习环境，从而激发学生的学习热情，进而提高学生的学习效率。将计算机技术应用到医疗卫生行业首先可以促进国产化医疗设备的发展和成熟，其次还便于医疗工作者对病人的信息进行安全妥善管理，提高信息管理效率。

（二）促进了各行业的技术发展

计算机网络技术的大范围应用有效促进了各行业的技术发展，从而提高了传统的生产和管理技术。基于计算机大数据的时代背景之下诞生了许多新型的先进技术，如：在工业生产领域广泛应用的 PLC 技术，其是计算机技术与可编程器件完美融合的产物，将其应用到工业生产中可以有效提高生产效率，并且改善传统技术中存在的不足和缺陷，并且基于 PLC 技术的优良性能使得其的应用范围不断扩大，目前已经被广泛应用到电力系统行业，从而有效提高了电力系统管理效率。

二、计算机大数据应用过程中存在的问题

影响计算机大数据有效应用的原因有很多，其中数据采集技术的不完善是影响其合理应用的原因之一，因此，为了能够有效促进计算机大数据在其他领域的发展，必须首先提高数据采集效率，这样才能确保相关人员在第一时间获得重要的数据信息。其次，在数据采集效率提高之后，还必须加快数据传输速度，这样才能将采集到的有用数据及时传输到指定位置，便于工作人员将接收到的数据进行整合、加工和处理，从而方便用户的检索和参考。与此同时，信息监管及处理技术也是困扰技术人员的一大难题，同时制约着计算机网络技术的进一步发展，因此，提高信息数据的监管和处理技术任务迫在眉睫。

三、改进计算机大数据应用效率的措施

（一）提高数据采集效率

从上文可知，目前的计算机大数据在应用过程中存在许多的问题和不足，需要相关的技术人员不断完善和改进。其中，最为突出的问题之一便是数据的采集效率不能满足实际

应用需求，因此，技术人员必须寻找可行的方案和技术来进一步完善当前的数据采集技术，以便能够有效提高数据采集效率。然而，信息在采集过程中由于其种类和格式存在很大的差异，进而使得信息采集变得相当复杂，因此，技术人员必须要以信息格式为入手点，不断优化和完善信息采集技术，确保各种类型的信息数据都能通过相似的采集技术实现采集功能，这样可以大大降低信息采集工程的难度，从而提高信息采集效率。

（二）优化计算机信息安全技术

尽管新型的计算机技术给人类的生活带来了极大的便利，然而，凡事都有利弊性，计算机技术在给人类生活带来便利的同时也带来了一定的危害。大数据时代的到来方便了社会的生产和进步，但是同时给许多不法分子带来了机会，他们利用这种先进的计算机技术肆意盗取国家机密和个人的重要信息，因此，优化计算机信息安全维护技术成为摆在技术人员面前的一项重要任务。同时，当前的计算机网络数据中包含着众多社会人员的重要信息，其中包括身份证信息、银行卡信息以及众多的个人隐私，因此，维护网络数据的安全是至关重要的。然而，凡事都会有解决措施，譬如：技术人员应该定期维护数据安全网络或派专业人员进行实时监管确保其安全。

计算机技术的快速发展促进了大数据时代的到来，并且由于特有的优良性能使得其应用范围不断扩大。然而，尽管这种技术极大地促进了社会的生产，但是也同样会给社会带来一定的影响，因此，相关的技术人员需要不断的优化和完善计算机网络数据的监管技术以确保用户的信息安全。此外，为了便于信息的传输和流通，技术人员需要不断提高信息采集和传输速度，以便满足用户日益增长的需求。

第六节　控制算法理论及网络图计算机算法显示研究

随着21世纪科学技术的飞速发展，通用计算机技术已经普及到我们生活的方方面面。并且通过计算机技术，我国的各行各业都有了突飞猛进的发展。在计算机控制算法领域，通过将计算机技术与网络图的融合，将计算机的控制算法以现代化的计算机演算方式表现出来。并且随着计算机网络技术与网络图两者之间的协作发展，可以在控制算法上得到很好的定量优势和定性优势。本节通过对计算机网络显示与控制算法的运行原理进行分析研究，主要阐述计算机网络显示的具体应用方法。并将现有阶段计算机网络显示和控制算法中不足之处进行的分析，并且提出了一些改进性的意见和方法。

随着近些年来计算机显示网络理论的研究深入，目前我国应用计算机网络显示和控制算法中的网络图的控制有着日新月异的变化。在工作中计算机可以实现与计算机网络图显示理论进行高效结合。并且在计算机网络图显示与控制算法中，符号理论的发展也极为迅速，它可以将网络图的控制以及标号的运行熟练控制。而且在这些研究过程中最重要的两点分别是计算机的控制算法和计算机的网络图显示。

一、计算机网络图的显示原理和储存结构

计算机网络图的显示原理最简单地说就是点与线的结合。打个比方，如果需要去解决一个问题，那么必须要从问题的本质出发。只有对问题的根源进行分析理解并认识问题的产生原因，才可以使用最有效的方法解决这个问题。换一种思考问题的方法，我们将数学上的问题利用数学理论进行建模，利用这种建模的方法对问题进行分析研究，就会发现所有的问题在数学模型中的组成只有两个因素，一个是点，还有一个是线。而最开始的数学建模的方法和灵感，是科学家们通过国际象棋的走位中发现的。在国际象棋进行比赛的过程中，选手们需要根据比赛规则依次在两个不同的位置放置皇后。并且选手们选择皇后的位置都有两个原则，这两个原则分别是：第一使用最少的，第二选用最少的。而通过这种方法也就构成了计算机网络途中最原始的模型结构。并且由于计算机网络图的主要构成是点与线的构成，所以图形的领域是计算机网络图最主要的构成方式。在后续科学家的研究过程中，科学家们将图论融入计算机的算法中发现可以利用控制算法的方式对问题进行解决。通过这种方式形成的计算机网络图可以将图论中的数学模型建模和理论体系进行融合并加强了计算的效率。

而在最开始计算机运算过程中的储存结构通常是由关联矩阵结构，连接矩阵结构，十字连接表，连接表这4种最基本的基础结构构成。并且关联矩阵结构和邻接矩阵结构主要体现的是数组结构之间的关系。十字连表和邻接表主要体现的是链表结构之间的关系。并且在计算机运算过程的储存结构中链接表的方法并不只是这一种。通常科学家们还可以通过对边表节点进行连接，并在连接过程中次序表达然后结合邻接表算法，就可以更好地在网络图中对现有的计算机算法进行表达。

二、网络图计算机的几种控制算法分析

网络图计算机的控制算法主要是由点符号权控制算法，边符号控制算法和网络图显示方法组成。在实际应用过程中点符号权控制算法主要是通过闭门领域中的结构组织，在计算机使用符号计算的过程中掌握好极限度，主要是对最大和最小的度限定有着精确地控制，还需要在上下限中之间有着及时的更新。如果显示网络图需要使用符号算法进行，就需要依据下界随时变化的角度来满足网络图下界的需求。而边符号的控制算法已经是一种较为成熟的算法方式，边符号控制算法主要是利用M边的最小编符号进行控制计算得出。而且边符号可以说是近些年来，科学家们对计算机网络算法的再一次创新。通过这次创新计算机网络图的控制理论有着更为完善的发展。并且通过对符号控制算法的上界和下界进行实际的确定过程中，可以将计算机网络图控制算法的优势更为明确地体现出来了。在运用边符号控制算法进行计算机网络控制计算过程中可以利用代表性的网络符号利用边控制算

法提高计算中的精确度。而在工作人员使用计算机网络符号边控制算法的操作过程中，明确的界限可以使计算机的网络图显示有着更为精准的表达方式。在计算机控制算法中使用符号和边符号的显示主要是在绘制网络图的过程。在计算运行结束过后，就需要一种显示方法来将图像绘制过程中的数据进行输入。如果需要增加输入过程的准确程度，就需要操作人员将指令准确的输入到计算机的网络图中。并且在输入完成过后还需要将表格绘制中需要的其他数据，进行再次分析输入。而表格绘制过程中的数据，主要是包括绘图中的顶点个数，以及边的数量和图形的顶点坐标等等。在计算机网络图的绘制过程中，大多数情况都需要创建邻接多重表，利用邻接多重表可以将数据更准确地输入到创建表中，才可以使网络图中的数据更完整的显示出来，并且还可以维持网络连接过程中的稳定性。

三、对现有计算机算法和网络图的显示方法的提升措施

目前现有的网络图计算机算法在运行的过程中通常会出现语言表达不简便，绘制网络图的过程复杂，并且在网络图的绘制过程中无法进行准确的记录。而随着计算机网络图的算法在领域中更深入的应用过程中，就会发现在实际操作过程中计算机算法和网络出的显示以及在相关的查询系统在实际操作过程中，计算机算法和网络图的显示以及在相关的查询系统中如果不熟练使用会导致计算机整体系统不稳定，从而会将已经绘制好的网络图再次修改。而出现了以上类似问题，就需要在网络图的显示过程中借助计算机的 c 语言程序来绘制出想要表达出来的网络图。由于计算机中 c 语言的语言表达方式较为简单，并且 c 语言的功能也异常强大，所以在计算机网络图显示的过程中使用 c 语言可以将图形更加准确的绘制在计算机的屏幕上。并且又由于 c 语言计算所占字节数较少，所以 c 语言在绘制计算机网络图的过程中，可以节省计算机的内部储存，并且使计算机在绘制网络图的速度和效率上都有极大的促进。而且随着绘制难度的加深，许多点对点之间的连线会出现很多顶点和边之间的关系。如果对计算机网络绘图不熟练就会造成绘图的失败。这就需要在绘图过程中，需要对图形每个顶点之间进行连线，并且还需要将整个图形绘制出相应的物理坐标。在图形的物理坐标上选取适当的距离，并将每个数值都选取整数或估算为整数。利用这种方法才可以将图形在绘制过程中的清晰度大为提升，并且也便于后续操作的观察。如果我们要将图形中不需要的边和点进行删除，那么就要在删除的过程中查询时间和过程，并将其准确的记录，以方便后续的操作。只有这样才能更好地构建出计算机网络图的显示系统。并且在计算机网络图的算法领域应用中，还需要对控制算法运行过程中的边符号控制系统进行完善。只有将绘制好的网络图进行多次修改和完善，才可以降低整个计算机算法系统的不稳定性。并且在修改过程中，还需要实现对数据的查询功能，以避免绘制出的图像古板模糊。在系统的完善过程中，还需要通过数据库的具体形式将数据进行正确操作来解决数据库绘制过程中的数据需求。如果需要提高对计算机控制算法的运行效率，就还需要对计算机控制算法和网络图绘制过程中的不同对象进行有效的分析。

在未来的应用过程中，依然还需要网络工作者们对计算机控制算法和网络图的显示进行不断的创新和发展，才可以使计算机网络图控制算法和显示功能更适应时代的发展和人们的生活需求。

计算机的网络图显示和控制算法理论，现在已经在我国的各个领域熟练的运用，并且每一阶段网络图理论和控制算法都有着迅猛的创新发展。由于目前计算机这一新兴行业受到了地方和国家的高度关注，计算机领域人才的培养也越来越重视，所以我国现代化发展的步伐离不开计算机网络图的应用。并且随着市场需求的不断增加，只有从网络应用层面出发，不断提升计算机的技能，才可以满足市场上的需求，以促进我国现代化发展的步伐。

第三章 计算机管理技术研究

第一节 计算机管理信息系统现状及未来发展方向

伴随着我国计算机信息技术的飞速发展，人们对于计算机管理信息系统的关注程度也越来越大，再加上计算机管理信息系统的可操作性以及类似于信息存储、运算能力等功能性都十分强大。近年来，我国经济水平突飞猛进，IT行业也随之迅速发展，IT技术在人们的日常生活中的运用也越来越广泛，如何最大限度地发挥计算机信息系统的作用和效能，是如今计算机发展所需解决的问题之一。因此，对计算机管理信息系统以及计算机网路进行优化就十分有必要。而动态优化则是对计算机系统计算机网络进行一系列配置、资源合理分配以及任务科学调度的理论性手段。因此，如何在党校进行计算机管理信息系统的嵌入，从而进行相关管理工作的简化与改善是一个值得探讨的重要问题。本节则正式针对我国现阶段有关计算机管理信息系统的发展现状和未来发展方向进行探讨和研究。

伴随着我国经济水平和技术水平的巨大发展，人们逐渐适应了这个信息化的时代，在办公的过程当中人们对于计算机系统的信息处理技术的依赖性也越来越强。计算机信息系统技术给人们办公过程中带去了极大程度上的便利、节省了人们的办公时间。由于计算机系统信息处理技术对于人们的日常生活的重要性愈加凸显，因此，党校近年来也十分重视计算机信息技术的搭建，建立一个兼具效率和竞争能力的高效办公自动化管理系统对于党校来讲尤为重要，要想在很大程度上深化对于计算机系统以及计算机网络的动态优化的理解，能够在日常工作以及生活中学会自我有效管理计算机网络资源，以此达到实现计算机网络的最优效率。因此，分析和研究计算机管理信息系统的现状以及未来的发展现状是十分有必要的。

一、计算机管理信息系统的功能作用研究

如今，计算机系统和计算机网络被世界上的各行各业所广泛运用，计算机信息系统的广泛运用导致计算机所需处理的业务数量和业务种类迅速激增。如何在这种业务及处理问题不断增加的环境中对计算机系统和计算机网络进行合理优化的问题也逐渐开始凸显。人们开始寻求各种对计算机资源和计算机系统进行合理分配的手段方法，以达到提高计算机

效率的目的。在实际优化过程中，相比静态优化理论，使用较为广泛的则是动态优化理论。而马可夫的决策过程则正是动态优化理论所使用的基本模型。它的出现有效避免了计算机网络出现状态空间爆炸等负面情况的发生。对有效降低计算机系统的系统维护成本和提高计算机系统的运行效率具有十分重要的意义。

二、我国计算机管理信息系统发展的现状分析

在我国计算机技术迅速发展的今天，计算机管理信息系统使得党校实现了办公环境以及时间不再受到约束。由于无线局域网的普及，使得基于网络的通讯方式在办公领域迅速兴起，人们的办公地点不再只拘泥于办公室，人们可以实现在家办公，灵活地在饭店、商场、咖啡馆等地点轻松移动办公，利用平板电脑、手机、笔记本电脑等远程技术将工作成果进行远程传送。甚至于可以通过视频会议、即时通讯等手段不参与公司重大事件的决策。其次，计算机管理信息系统使得各项工作流程有了大幅度的简化。如今，计算机信息技术更新迭代，各类办公软件不断增加，包括利用网络的远程办公软件，就大大简化了工作流程，提高了工作效率。例如说，通过无线网络传输图像、文档、文件、视频、音频等数据不仅可以绿色环保节约纸张，还可以提高效率，节省配送的人力、物力等等。除此之外，还可以在云上面保存这些数据，多次重复备份，长期保存，而且不需要专门的工作人们进行档案归类并占用实体空间等。最后，计算机信息系统使得视频技术大量被应用。由于视频技术与压缩技术的发展，视频会议等快捷方式办公，人们可以通过视频的摄像头随时随地地表达自己的观点，通过视频的摄像头，会议参与者不仅可以随心所欲地表达自己的想法，还可以对会议的现场情况进行全方位的观察并组织会议参与者进行互动讨论。这种充分利用计算机信息处理技术将无线视频技术运用到办公自动化上，能够大量减少会议参与者需要花费在交通道路上的时间以及精力，大大提高信息交流的效率，并且为低碳生活做出自己的贡献。

三、计算机管理信息系统的未来发展趋势

现如今，大多党校都开始尝试智能化办公，以此提高办公的效率和质量。在这种大环境之下，智能化已经成为日常办公的一个主流趋势。办公系统不断改善，使其能够自主处理一部分数据，减少工作人员的负担，提高办公效率。通过将通信计算机技术以及移动设备等计算机信息处理技术应用到办公系统当中，能够大幅度提高办公自动化的水平，成为个人办公的最新方式，最大限度地智能化党校办公。并且现阶段我国计算机信息系统在党校的办公自动化方面有以下几个功能。首先是进行文字处理，因为文字处理是当前办公系统中最为基础的内容，它被视为办公自动化中的基础功能之一。主要工作是对文字进行编辑、对文章进行排版，将文本节档合并，利用打印机对文档进行打印等操作。其次，还应当实现对文件的管理，能够处理数据、文字和图片等。最后对于图文制作以及演示软件的

使用也是非常重要的。其具体操作为对包括表格、图片、文字等内容的编辑，然后插入音轨、视频等，再通过演示软件进行播放。计算机信息处理技术在文字处理方面的巨大功能是办公人员为之青睐的主要原因之一。除了文字处理以外，还有进行电子表格处理，数据存储和处理、多媒体资源等的处理。这些都是计算机管理信息系统在现实生活中的功能作用。

在这种情况下，我国计算机管理信息系统逐渐朝着网络化发展。因为随着我国计算机信息系统的迅速普及，党校相关处理事务往往朝着运用网络的流行方向发展，这也使得党校在进行决策的过程中更加朝着智能化、网络化的发展，党校将数据库同云存储相结合，它能够帮助党校了解和收集到许多不同类型的有效数据，使得党校可以在线进行有关网络化的业务发展。其次，未来计算机管理信息系统也逐渐朝着虚拟化的方向发展。因为在政治经济快速发展的今天，党校之间的业务交往更加频繁，这也使得党校对于计算机信息处理系统的更高层次的要求。最后，我国计算机管理信息系统将来会朝着集成化发展。因为集成化使得党校不再局限于单个的功能或者设备，它会尽最大可能让多种功能进行组合、共同作用。就好像计算机信息系统中所涉及的缓存处理器和二级缓存。如果将计算机信息系统进行集成化并将计算机的二级存储融入计算机的处理器中能够大幅度提升计算机的处理速度和业务数容量，使得计算机的多个子系统之间完美结合，从而实现事半功倍的效果。

结合以上论述，计算机信息处理技术已经被广泛融合并应用到办公的过程当中，它不仅能大幅提高办公效率，还实现了空间时间的无距离信息化交流。办公自动化已经成为现代信息化发展的必然趋势。因此，党校应该充分利用并善于使用计算机信息技术，将其运用到日常办公中，提高办公自动化程度，建立完善的信息化管理系统，提升并且改善党校的业务能力，使得党校朝着良性健康的方法发展。在这种情况下，党校如何构建一个科学合理的业务体系，如何更好地提供一个灵活、全面并且高校的服务业务体系是现阶段我国相关党校必须要着手思考和解决的问题。将计算机管理信息系统逐渐实现虚拟化能够在很大程度上缓解这个问题。另一方面，对于我国党校事业单位所进行的一系列探索和实验，如果将虚拟化同信息系统框架相结合能够在很大程度上特别是建筑行业等等，让很多现阶段没有运用过计算机虚拟化信息系统的小规模党校也越来越愿意尝试智能化、网络化。计算机信息系统在未来的发展进程中会越来越注重与时俱进、不断创新和不断完善计算机管理信息系统，让党校在进行相关管理工作时能够更加便捷和快速。

第二节　基于信息化的计算机管理

随着科学技术的不断发展，信息资源和能源资源、物质资源并称为世界三大重要社会资源。由于计算机在互联网中的广泛应用，使得计算机成为信息生产和消费的最大推动力。如今，信息资源的利用和共享促进了信息化社会的快速发展，本节将通过对信息化的计算机管理进行探究，在此基础上就如何加强管理提出一些建设性建议。

一、信息化社会的概念及特征

信息化是当今社会发展和全球经济的发展方向，它已经成为推动社会信息化和经济快速发展的重要举措，并且成为能够对经济结构进行优化的重要因素。因此，如何开发和使用管理信息资源已经变成评论发展水平和实力的重要指标。在当前的形势下，加强对信息化环境下的计算机管理问题研究，具有非常重大的现实意义。

信息化社会是伴随着第三次革命而来的，因此现在已经成为现今社会发展的明显特征，从内容上看，信息化社会一般是把互联网技术和计算机作为先导，为生活带来了新的社会形态，成为发展的主要趋势。

信息化社会有着独有的特征。其具体表现为下面几个方面：加快人们的联系，加快经济发展，当世界各国随着信息化社会一同发展的时候，这为推动全球化发展做出了巨大成就；信息化为金融、贸易等提供了很大的便利，为生活质量的提高提供了有力的支持；它的出现还加快了社会发展的进程，使人们慢慢依赖于操作简便的信息化管理，同时解放了人们原本笨重的工作方式，还改变了人们的思想方式，促进社会的发展。

计算机信息化建设管理的意义：能够提升竞争力，根据计算机的发展，企业能够尽快掌握市场动向，以此规划后来的工作。经济的发展和科技的进步有着密切的联系，经济发展推动科技的发展，科技的进步也促进经济的进步。企业重视计算机信息化的管理，可以保证信息的有效性和准确性。加强基础管理，避免数据的缺失或者过多的损耗等，企业应该做到降低损耗量，以"精细化"生产为目标，同时还要保证产品的质量符合要求。

二、计算机应用特点与管理问题

现在，各国在计算机网络方面已经逐渐重视起来，资本的投入也越来越多。数据表明，无论是政府、商店、企业、还是家庭、学校等，大家所从事的所有事都或多或少的和计算机有着紧密的联系，人们开始习惯于用计算机处理事务。同时，网络世界已经开始慢慢和现实世界取得联系。

三、信息化环境下计算机管理存在的不足

即使目前已经处于信息化社会中，管理水平已经有了迅猛发展但是目前仍然被一些问题所困扰，这些问题使得计算机的管理工作还存在一些缺陷，发现这些问题才能有效解决。

（一）缺少创新意识

就现状而言，管理工作一般具有创新意识比较弱的特点，没有先进的技术和管理模式会使得计算机管理水平低下。在某些现代化企业中，他们经常疏于对计算机的科学管理，甚至是对工作人员的合理训练。如果计算机出现某些问题的时候，他们没有足够的能力去

解决问题，只能依赖于企业外的人员，甚至是使用非专业人员来解决问题，但这种情况通常结果并不理想，没有科学的管理方法，没有较高的创新意识，都会对计算机管理的能力造成极大的限制。

（二）安全性不足

如果想要使计算机能够正常工作，那么就要对计算机的安全性进行重要的监测。对企业来说，他们的计算机系统可能会存在一些安全漏洞，遭受各种病毒的侵袭，更或者可能会被黑客攻击，这些情况都会对企业造成重大危害。若企业一些数据被篡改或者泄露，可能会引起巨大的损失，因此企业已经通过安装各种杀毒软件进行维护，但是，杀毒软件不是万能的，它的保护能力不全面，因此，即使安装了杀毒软件也不能保证计算机系统完全安全。

（三）使用效率低

随着计算机行业的快速发展，它的使用范围也在逐渐增大，现在已经渗透到人们生活的各个方面，但是在实际情况下，仍然存在效率低下的问题，因此也对计算机管理的发展具有限制的影响。

（四）信息化建设目标不明确

企业不能对计算机管理有着充分的认识，在分析问题上也没有正确的认识，一些企业由于对计算机管理了解不充分，使得他们把一些比较旧或者功能不够的软件应用在信息化管理中，这不仅对企业的产品质量造成了很大的影响，更会给企业带来经济上的损失和名誉上的危害。

四、提升计算机管理水平的措施

在信息社会中，面对计算机管理的发展，需要解决的问题：怎样提升计算机管理的水平，怎样有效解决计算机管理所存在的问题，怎样将计算机管理和实际生活工作更好的结合在一起。

（一）促进计算机管理的创新

计算机管理的发展已经十分迅猛，未来该行业的发展方向可能是将计算机管理发展成为综合发展的网络体系或者与智能化相结合，这些不仅可以增大计算机的使用范围，提高它的便利程度，还对计算机管理提供了简洁高效的科学管理模式，为该行业注入了更为科学的方法和手段。在实际使用中，计算机的功能中还要和 ERP 等技术相结合，这些技术给计算机的管理工作提供了创新的思路，对计算机的管理能力和工作效率有了很大的提高。

（二）提高对计算机的安全性管理

利用先进的科学技术来提高计算机网络的安全性，是这个行业的一个发展新方向。在企业中，计算机管理是领导的一个重要关注方向，而其中的安全性是重中之重，使用专业人员对计算机网络的安全进行看护，有时间有计划地对网络进行全盘扫描，发现有可能存在的安全隐患要及时解决，除此以外，还要对网络系统进行有效防护；对一些需要用户访问的内容，要注意其安全性，对于某些关键文件，需要对其进行加密处理。不仅如此，工作人员还要随时防御来自黑客等的攻击，随时确保计算机中的数据安全。

（三）对计算机系统管理进行验证

维持验证是计算机系统的管理的工作内容之一，这个工作需要有相关文件支撑，明确性能监控的方法，使其在操作系统中得以体现。

对系统的一致性进行定期回顾，以此防止突发事件的发生，当有突发事情发生的时候，要立刻启动纠正措施。在保证业务的连续性的时候，要依据系统的风险评估来制定合理的恢复机制同时对数据进行备份。系统要根据工艺的要求进行权限管理，落实电子签名。

为了使电子记录能够真实反映工艺条件，要在前端进行信息采集的设备建立设备效验台账，当发现偏离的信息时，要及时分析再给出意见。

验证项目变更控制时，它的重点不是验证过程，而是对系统的维持、工作的持续进行验证，这样才能将对产品质量的影响降到最低。

变更管理重视的是可控的流程，在变更时要存档文件，被存档的文件要包含对变更的专业性审查意见，同时在变更被确认后展开验证工作。

系统退出时有很多任务需要做，关注评估数据的去向是其中的一个重点，它是保证从前工作的回溯性而存在的，万万不可因为系统要退出而忽视这个工作。

（四）科学发展规划

由于信息化行业的明显优势，制定科学的发展计划才能取得较好的成绩。通过科学的规划，描绘发展蓝图，对信息化进行建设，推动工业化发展，反过来，工业化也可以加快信息化的发展进程，发展出一条污染少、消耗低、发展快、科技含量高的工业化道路。

目前还处于信息社会的发展阶段，我们对于一些先进的计算机管理经验要善于总结和吸收，这对计算机管理行业的发展是有重要的意义。但是在对经验进行学习的时候，也要因地制宜，不能盲目照搬，确定出合理有效且适合自身发展的方案才是发展的基石。

第三节　计算机的管理与维护

计算机管理和维护，对计算机系统的安全和稳定有着重大意义。随着计算机的不断更新普及，计算机技术得到了高速发展，黑客技术也在不断更新。计算机的管理与维护关系着计算机的安全及计算机的正常运行。对于企业来说，计算机维护和管理更加重要，很多企业的计算机数据中都可能包含着重要的商业机密，商业机密的泄漏不仅会给企业造成巨大的经济损失，还可能造成社会的不良影响。计算机的维护和管理是必不可少的，计算机在日常使用中会产生垃圾文体和无用程序，减慢计算机运行速度，影响用户正常使用，计算机的管理和维护，可以使计算机保持最佳状态，以实现计算机稳定、安全、通畅运行，给用户带来更好的体验。

一、计算机管理与维护的重要性

计算机是 21 世纪最通用的办公工具和娱乐工具。现代社会中不论是办公还是生活都离不开计算机的应用。计算机维护和管理是一项专业性较强的工作，既复杂又系统，是计算机应用建设的首要任务。计算机的管理和维护涉及计算机软件、计算机硬件、计算机网络、计算机安全等多方面技术。计算机对人类社会发展和经济起着积极作用，计算机技术的快速发展为人类社会带来了改变。随着计算机技术的快速发展，我国计算机应用方面取得了优异成绩，计算机不仅应用于日常办公和学习中，更应用于国家建设中，目前计算机已经被应用于政治、经济、文化、国防等多个领域。全球数字化趋势日益明显，计算机的稳定和安全至关重要，保障计算机安全和稳定的关键就是计算机管理和维护。计算机管理和维护不仅关系着人们的日常使用，还与国家建设和经济密切相关。因此，计算机管理和维护不容忽视，强化计算机管理和维护势在必行。

二、计算机管理和维护的现状

第一，人们对计算机管理和维护不够重视。通过调查发现，很多个人和企业在计算机使用中，并不重视计算机管理和维护，也没有定期进行计算机维护和管理，更没有在计算机中安装任何防护软件或杀毒软件。造成这种现象的主要原因是，对计算机管理和维护不够重视，忽视了计算机管理和维护，因此很多计算机都存在较大隐患。

第二，计算机用户缺乏计算机维护和管理意识。通过调查发现，很多计算机用户并没有计算机管理和维护意识，不理解计算机管理和维护的作用和意义，想进行计算机维护和管理的时候更是无从下手。因此，计算机出现故障和安全问题时，无法进行维护。

第三，缺少计算机管理和维护措施。计算机网络连接着整个世界的信息资源，具有较强的开放性。现今计算机病毒、网络黑客日益猖獗，信息截取、盗取事件时有发生，给计算机管理和维护带来了挑战。经调查发现，一些计算机用户在传递信息文件和使用计算机时，缺乏加密和权限管理，这将导致所发送的信息被黑客截取或篡改。

三、强化计算机管理与维护的对策和思路

现代生活中不论是办公还是学习都离不开计算机，人类对计算机的依赖性越来越大，计算机的正常运行是人类社会生活、生产的关键。全球已经进入了一个计算机时代，计算机影响着人类的发展，计算机管理和维护必须引起重视，强化计算机管理和维护势在必行。

第一，提高对计算机管理和维护的重视。做好计算机维护和管理，就是保护自己的财产和信息，因为计算机使用中涉及很多的隐私账号、密码、个人信息等，所以必须更新观念，养成计算机维护和管理习惯，正确认识计算机维护和管理问题，提高对计算机维护管理的重视度。

第二，学习计算机管理和维护知识。缺乏计算机维护和管理知识是目前计算机用户比较大的问题之一，也是计算机使用中的突出问题。计算机维护和管理关系着整个计算机系统的稳定性和可靠性，关系着用户自身利益。如果没有相应的维护和管理措施，那无疑会给用户造成巨大的损失，所以为了保障计算机的可靠性，必须适当学习计算机维护和管理知识，形成管理和维护意识，对计算机进行动态加密处理，经常更换密码，并设置访问权限，利用验证码、密码、数字签名手段来验证对方身份，提高计算机可靠性。

第三，制定计算机维护和管理计划。计算机维护和管理具有较强的专业性，但是计算机发生问题和故障时，往往都是突发性的。而想要避免此类计算机问题的发生，必须注重平时的计算机维护和管理。用户要想提高计算机维护和管理水平和质量，必须制定相关的维护和管理计划，不能盲目进行。盲目对计算机进行维护不仅会造成计算机系统不稳定，甚至可能导致流氓软件捆绑到计算机系统中。

第四，定期进行计算机维护和管理。计算机的维护和管理必须持续才能取得最好的效果，如果间歇性地进行维护，并不会起到提升计算机可靠性的作用。计算机随着使用时间的增长，其自身的问题也就会越来越多，例如，计算机在使用中会产生一定的无用软件垃圾，并且软件的安装也会使一些软件的漏洞被病毒利用，给计算机系统造成危害。因此，必须要定期对计算机进行维护和管理，养成一个良好的计算机使用习惯，定期卸载一些几乎用不到或不常用的计算机软件，定期更换计算机密码，定期维护硬件。

第四节　计算机管理技术分析与研究

计算机管理技术在通信和科技中有着非常重要的作用，在网络技术与通信时代发展如此迅速的时期，网络规模不断扩大，网络环境也变得很复杂，网络资源的消耗也越来越大，为了更好地保证网络设备高效、安全的运行，就必须做好计算机的管理工作。在计算机网络所存在的问题中对计算机管理技术的分析是目前关注的热点问题，只有把技术落实到位，才能够保证网络的安全使用。

当今这个互联网时代，必须要做好计算机管理技术分析工作，管理技术分析是计算机管理中让网络提高运行效率的重要环节。但是计算机的管理涵盖的内容比较广，有网络配置、网络安全、网络性能、网络故障等，需要通过某种特定的方式进行对这种技术的管理，使得网络运行一直保持在比较优异的状态，只要网络运行一直保持顺畅，那么就可以很好的服务用户。这种技术在最初只是网络维护的运行问题，使得计算机在人们的日常使用中都能够得到立刻反应，随着发展这种技术主要用来处理信息所需要的技术手段以及用来监督和管理通信服务。

一、计算机网络管理技术所存在的问题

互联网技术发展的速度在大家日常的学习、生活和工作中早就有所感受，网络的发展总是激发出多种多样的软件形式出现，一般情况下都是建立在网络管理技术的基础上。如果网络管理技术比较薄弱的话，那么就无法实现在这项基础上技术延伸。只有先进的网络管理技术才能够起到良好的技术支撑作用，但是在这种全球化的经济发展中，计算机网络管理技术变得越来越复杂，在社会中以多种形式呈现。计算机在计算方面的管理上由于技术结构的不一样就会导致管理技术不同，计算机也会遭到恶意的攻击，网络安全就得不到保障。因此在计算机的网络管理中，管理者一定要根据网络日志以及所出现的警报信息，对其进行及时而有效的分析，尤其是针对普遍问题尽快采取相应的措施。在相应控制管理平台管理用户以及设备的时候，这个工作非常需要技术性，难度非常大，因此对管理人员的技术要求和专业性等要求都非常高，相关的管理人员不仅仅需要有广泛的知识，还应该可以做到独自掌控平台，在同一时间进行界面的升级和安全管理，同时处理多个功能之间相互的管理和运用。

计算机管理技术一般情况下是通过 IP/TCP 网络协议实现管理，在网络管理技术中发挥着巨大的作用。

二、计算机管理技术的分析与研究

（一）给予 WEB 计算机管理技术

WEB 计算机管理技术具有非常高的多样性以及复杂性的高效管理特点，主要是应用于检测和解决问题这一方面。WEB 计算机管理技术的用户界面以及检测网络功能非常强大，因此用户在使用的时候非常方便，可以实现整个管理系统移动式的管理。计算机管理过程中相关的系统管理人员可以在不同的站点对计算机进行遥控式的管理，可以通过不同的站点访问计算机系统。WEB 计算机不仅仅获得了管理技术的支持，还可以为用户提供相应的实时管理的功能，而且与站点管理不会产生冲突，因此非常适用于网络平台的安全和计划管理。计算机发展越来越迅速，WEB 计算机管理技术还相继发展出 JMAPI 和 WEBM 技术，可以更好地实现对计划管理的支持，凭借网络技术对管理平台实现分布式管理的技术模式。JMAPI 技术实际上是一种比较轻管理的基础结构，跟其他平台相比较会更高效、安全，更适合解决计划分配版本协议的独立性问题。

（二）分布对象式的管理技术

到目前为止有很多计算机管理技术都是使用对象式的管理技术，这些技术都必须给予一定平台的计算机管理技术。这些平台的管理模式都是以服务器以及客户机为基础，管理模式比较简单，应用性比较广。分布对象式的管理技术主要是通过多个网点以及网站功能加工的模式实现整个系统内部的运行和管理。这个管理加工中心本身就有自身的局限性、缺陷以及瓶颈，所以当遇到这种问题的时候，分布对象式计算机管理技术的加工中心遇到网点比较多的情况的时候，会出现功能障碍的情况。因此目前所需要的计算机管理技术需要有更多的站点支持，单单几个站点支持模式已经远不能满足现状，所以综合来说这种分布式的对象管理技术模式已经无法满足市场的需求。

（三）CORBA 技术

CORBA 技术融合了面向对象模式以及分布对象模式两种模式，搭建了非常有效的分布式应用程序。CORBA 的技术核心是 OMG，开发者创建了自己的分布式计算机基础平台，即 CORBA 分布式平台，在这种分布式的管理过程中，每个计算机都具有独立的界面，而且这些界面的数据都是通过某一特定的数据接口实现数据的最终交换，进而可以为相应的对象提供服务。CORBA 技术通过未相关事物建设以及基础设施建设提供服务，让整个控制流程变得越来越清晰、透明。

CORBA 具有非常好的分配技术，这种技术和传统的分配技术相比较更具有可靠性，在管理计算机方面更具有可靠性。网络管理中，CORBA 服务管理是基础，如在网络系统配置管理过程中，系统需要完成对绩效、配置等多方面的管理，一方面要给用户提供所要求的对应服务，另一方面还要为客户拓展应用范围。CRBA/SNMP 通过网络管理中心实现信息交换，另一网络管理系统实际上只属于抽象意义的 CORBA 代理。凭借使用 CORBA 技术可以绝对做到标准化的网络管理系统构建，把计算机管理技术与 CORBA 技术有机结合在一起。

这些年以来，网络技术在现实生活与工作中的应用显而易见，可以说网络技术已经占据了生活和工作的绝大部分，没有网络技术就无法正常办公。因此，建立时效网络平台，应广大需求所需，新的系统将属于各种计算机网络管理技术的信息采集和信息处理。即时通信等技术将会被体现在新的网络平台里面，通过使用资源集成技术为网络提供更加应人所需的服务，随着网络技术的不断发展，将会陆续实现不同的服务更新。

第五节　计算机管理系统的安全防控

当今社会，人们的生活质量伴随着科技的飞速发展在不断提升，人们越来越重视自身的精神需求，同时也提升了对科技发展的关注程度。计算机技术是我国科技发展的关键内容，该技术被广泛应用于各个领域，极大地促进了社会经济的飞速发展。然而，当前计算机技术的发展，仍然遇到了不少问题，这些问题的存在将不利于人们的生产和生活，最重要的问题是在安全防控方面计算机管理系统仍存在着很多不足之处，这一问题如果得不到及时解决，对计算机系统会造成很大的危害，而且也能深深地影响社会经济的发展，安全防控问题是目前计算机技术必须要重视的问题。在本节中，笔者就如何高效解决目前计算机管理系统的安全防控问题，提出了自己的建议，以期对计算机科技的发展有所帮助，以更好地促进我国科技的全面发展。

一、目前计算机管理系统遇到的安全问题

（一）系统本身存在的安全问题

社会经济飞速发展，大大提升了我们的日常生活水平，科技在发展，计算机技术是最近几年刚刚兴起的新技术，越来越受到人们的关注和喜爱，然而，在计算机技术为人们带来更多便利的时候，也深深影响着人们的生产生活。所以，更多的人开始越来越重视计算机管理系统的安全问题，主要的原因是，计算机管理系统是计算机的关键组成，该系统的重要性不仅表现在管理计算机内部信息，更关键的是计算机管理系统，是处理计算机事务、进行联机分析的重要设施。所以，我们一定要保障计算机管理系统的绝对安全，然而，实际上，目前计算机管理系统的安全防控问题，尚未得到有效保障，导致计算机管理系统存在的安全隐患未能得到很好地解除。比如说，计算机管理系统的安全保护工作，大部分是工作人员进行系统设置，但是，因为受到技术或其他因素的干涉，在程序设置时，计算机

管理系统的安全防控会或多或少的存在一些安全问题。比如说，系统本身的漏洞，会大大降低计算机管理系统的安全性。

（二）计算机系统外部存在的问题

在信息全球化的氛围中，计算机技术极大地推动了信息全球化的大力发展，然而，这也增加了计算机管理系统外部存在的安全隐患问题。例如，计算机不能自己决定是否传递所有信息，另外，计算机的广泛使用，也广泛传播了很多不良信息（例如：违法信息、虚假信息），不良信息的广泛传播，也增加了计算机管理系统安全问题的控制难度。此外，导致计算机外部隐患的另一重要原因是计算机病毒、木马等的存在，这类外部隐患主要是人为操作造成的，或是在计算机防御系统被损害的时候，感染了病毒，造成了相应的损失。比如：病毒攻击会威胁计算机文件的安全性，更有甚者，会让整个计算机系统瘫痪，造成了更严重的损失，威胁计算机管理系统的安全性。

二、如何有效解决计算机管理系统的安全防控问题

（一）高度重视使用计算机的防火墙技术

计算机管理系统存在安全性问题，不仅仅不利于计算机系统本身的发展，同时，对国家安全发展也非常不利。所以，我们必须要高度重视计算机管理系统的安全防控问题。网络防火墙，能够有效保护计算机系统的安全性，网络防火墙是保障体系的一种，主要的作用是隔离外部网路和本地网络，这一安全防护措施的效果明显，经济实惠。网络防火墙技术可以分为很多种：监测型、包过滤型、网络地址转化型、代理型，这四种是基本的类型，该技术的作用流程是按照一定的程序，检查网络之间数据信息传递的安全性，强化网络访问控制，防止黑客、病毒侵害，保障网络信息及运作环境的安全。网络防火墙被广泛应用于计算机管理系统的安全性防控工作中，我们要持续优化、升级网络防火墙技术，使其能够更好地维护计算机网络的安全，让计算机用户的网络安全性有所保障，防止未经授权的其他用户访问计算机的内部信息，有效监测用户的网络环境，全面、高效、及时地保障计算机系统的网络安全。

（二）加密处理计算机内的数据，严格控制数据访问权限，更好地保障计算机系统的安全

数据加密，能够有效保证数据的安全，这一措施是网络安全的基础，对保障计算机系统的安全性非常重要。数据加密技术，是指发送信息的一方，用加密函数，加密所要发送的信息，信息接收方，再用解密函数，把密文还原，获得完整信息。数据加密包括对称加密、非对称加密两种，对称加密，指的是通信双方要使用同样的加密函数，在传送信息的时候，发送方和接收方，可以使用同样的加密函数，当加密函数正确时，才能打开信息。

这一信息传送方式的优势是发送方和接收方只有使用同样的密码，才能获得信息，有效保障提升了信息的安全性；不足之处是这一方式要确保传递途径绝对安全，安全性相对低一些；和对称加密相比，非对称加密的安全性能更高一些，主要是因为，这一加密方式使用的密匙是不一样的：一个公开、一个自己保存；一个加密，一个解密，保证了加密安全性，保障了信息安全，这一方法也是提升计算机管理系统安全性的重要措施。

（三）强化计算机使用者的安全意识

人为不当操作，也是引发计算机管理系统安全隐患的重要原因。所以说，想要切实改善计算机管理系统的安全防控，就一定要重视强化计算机使用者的安全意识。比如说，计算机使用者定期检测计算机系统，确保计算机管理系统的安全性。同时，当计算机存在漏洞时，用户要及时修复升级计算机系统，以防漏洞对计算机管理系统产生更大的危害，这样既能提高计算机的运行速度，也能保证计算机系统的安全。

总前文所述，我国的计算机技术在飞速发展，为人们生活提供便利的同时，计算机管理系统自身的安全防控还存在很多问题，笔者在此文中，解析了计算机管理系统在安全防控方面遇到的问题，同时针对这些问题，总结了三点解决问题的措施：高度重视使用计算机的防火墙技术、严格控制数据访问权限、强化计算机使用者的安全意识。有效保障计算机管理系统的安全性能，可以较好地促进社会经济持续、健康、飞速发展。

第四章 计算机应用技术研究

第一节 动漫设计中计算机技术的应用

在计算机技术不断发展的背景下，新的动漫制作软件应运而生，动漫产业中，计算机得到了进一步的应用。动漫技术作为动漫制作行业中不可或缺的关键因素，需要计算机技术来支持方可提升动漫制作水平和效率。现如今，动漫工作人员必须要首先学好计算机技术才能不如动漫产业中，比如需要学习如何运用三维立体显示技术，如何运用三维成像技术等。我国计算机技术的应用和发展和发达国家相比仍然存在较大的差距，为此，需要不断提升我国相关工作者运用和研发计算机的能力。

一、动漫产业发展概况

世界上三个国家的动漫产业发展比较好，市场份额比较高，第一位是美国，20 世纪90 年代，美国动漫出口率已经高于其他传统工业，可以说世界上很多国家的动漫发展都深受美国影响；第二位是日本，日本动漫产业非常发达，仅次于美国，其中动漫游戏出口率要远远超出了钢铁企业，对日本国民经济发展起到了非常重要的作用；第三位时韩国，虽然韩国动漫与美国、日本相比，还有一定的差距，但却远远在中国之上，其动漫产业是国民经济的第三大产业。

我国的动漫产业相对发展较晚，目前还在不断地摸索探寻过程中，这也说明我国的动漫产业有着非常良好的发展空间。我国相关部门出台了很多支持政策来推动我国动漫产业的发展。我国的动漫产业在多方努力下也取得了较快的进步，但是我们仍然要有清醒地自我认识，要朝着发达国家先进的动漫产业发展方向不断努力前进。就现实情况来看，我国动漫产业有待解决的问题有很多，比如动漫创作理念陈旧，一直深受传统理念制约，过于注重教育功能，因此比较适合儿童观看，而青少年以及成年人受众非常少，所以这部分市场份额有待开发；我国动漫产业发展情况一直滞后于精神文化发展，无法满足市场需求，所以我国有很多动漫产品出现了滞销的问题；除此之外，最为严重的问题就是我国动漫企业创新比较差，绝大多数产品都没有创新性，而研发动漫产品的企业也没有品牌意识，所以我国的动漫公司通常企业规模都不是很大，也难以实现扩大再生产。总之，我国动漫产业发展形势一片大好，但就现实情况来看，我们与动漫产业大国相比，还有一定的差距，我们要正视这种差距，才能够有获得发展的机会。

二、计算机技术在动漫领域中的应用

（一）动漫设计 3D 化

虚拟技术是动漫设计中重要的技术之一。所谓的虚拟技术，就是有机结合艺术与计算机技术，在动漫设计中使用计算机技术设计出三维视觉，在这种情况下动漫画质得到了质的突破，观看者可以享受更加舒适、真实的动漫效果。此外，计算机技术可以改善图像形成结构。和传统的而且图像相比，3D 技术的应用对整个动画图像的显示效果进行了改善，计算机平台极大地推动了动漫产业的发展和进步，为动漫产业诸如了新的活力。

（二）画面的真实性增加

传统的动漫设计中的画面处理常常会出现失真的情况，观看起来给人粗糙的感觉。计算机技术的应用提升了动漫设计画面的处理精细度，让画面的真实性提高。各物体在虚拟世界中有了更加独立的活动，计算机技术和动力学、光学等多门学科的综合运用促使换面设计的视觉效果更加真实，观看者可以看到更加真实完美的画质。

（三）三维画面自然交互

经过现实化处理后的三位用户感官能够形成清晰的三维画面，观看者在观看中如临其境，尤其是 4D、5D 技术的到来，为观看者创造了更加真实的视觉感受。计算机技术和数字技术不断的发展过程中，也创造了更加丰富多样的互动交流形式，其中，手语交流是人与虚拟世界自然交互的一种方式。在动漫产业中，自然交互形式可以说是一座里程碑，代表了动漫产业中计算机发展的一大成果。

三、计算机动漫设计技术发展

在现代信息科技时代，计算机以及各种软件发展更新的速度惊人，在工作、娱乐、生活中如何更好地应用计算机和各种软件已经成为各个行业的要求。在通信、电影等行业对计算机技术的依赖性不断增加，这些产业的未来发展情况从很大程度上受到计算机技术发展的影响。为此，计算机技术在未来将得到进一步地应用，各个行业也将更好地和计算机技术融合，相互推动和发展。对于动漫产业来讲，计算机技术在我国动漫中仍然有着非常大的发展和应用空间，但是仅仅依靠计算机技术并无法有效提升动漫产业发展效果。在动漫制作中，我们要将以对待艺术品的态度对待动漫制作，充分尊重动漫题材所要表达的思想，赋予动漫灵魂和感情，用计算机辅助技术细化画质，丰富动漫人物的表情、色彩，让观看者可以更好地理解动漫所要传达的思想，拥有更加舒适的体验。

国民经济水平的提高促使对生活品质和娱乐等有了更高的要求，动漫产业作为生活娱乐中的重要组成内容，需要为国民提供更好的服务。在计算机技术的应用下，动漫产业在近些年得到了很快的发展，随着计算机和相关软件的不断发展，相信未来我国动漫产业将会迎来新的春天。本节重点对动漫设计中计算机技术的应用进行了分析，并且对计算机和动漫产业未来的发展做出了展望，希望本节的提出能够具有一定的价值。

第二节　嵌入式计算机技术及应用

随着科学技术的迅速发展，数字化、网络化时代已经到来，而嵌入式计算机技术及其应用逐渐被各行各业高度关注，它已经广泛运用到科学研究、工程设计、农业生产、军事领域、日常生活等各个方面。本节就嵌入式计算机的概念和应用、现状分析、未来展望三个方面进行探讨，让读者更加深入地了解嵌入式计算机。本人才疏学浅，论述方面有不足或错误之处，希望广大同行进行指正。

由于微电子技和信息技术的快速发展，嵌入式计算机已经逐渐渗入我们生活的每个角落，应用于各个领域，为百姓提供了不少便利，也带来了前所未有的技术变革。人们也对此技术也不断深入研究，希望挖掘它所创造的无限可能。

一、嵌入式计算机的概念和应用

（一）嵌入式计算机的概念

从学术的角度来说，嵌入式计算机是以嵌入式系统为应用中心，以计算机术为基础，对各个方面如功能、成本、体积、功耗等都有严格要求的专用计算机。通俗来讲，就是使用了嵌入式系统的计算机。

嵌入式系统集应用软件与硬件于一体，主要由嵌入式处理器、相关支撑硬件、嵌入式操作系统以及应用软件系统组成，具有响应速度快、软件代码小、高度自动化等特点，尤其适用于实时和多任务体系。在嵌入式系统的硬件部分，包括存储器、微处理器、图形控制等。在应用软件部分包括应用程序编程和操作系统软件，但其操作系统软件必须要求实时和多任务操作。在我们的生活中，嵌入式系统几乎涵盖了我们所有使用的电器设备，如数字电视、多媒体、汽车、电梯、空调等电子设备，是真正做到无人不在使用嵌入式系统。

但是，嵌入式系统却和一般的计算机处理系统有区别，它没有像硬盘一样那么大的存储介质，存储内容不多，它使用的是闪存（flash memory）、eeprom 等作为存储介质。

（二）嵌入式计算机的应用

1. 嵌入式计算机在军事领域的应用

最开始，嵌入式计算机就被应用到了军事领域，比如它在战略导弹 MX 上面的运用，这样可以很大程度上增强导弹击中目标的速度和精准性，对此，主要就是运用抗辐照加固未处理机。在微电子技术不断发展的情况下，嵌入式计算机今后在军事领域的运用只会增多，现如今对我国 99 式主战坦克也有涉及。

2. 嵌入式计算机在网络系统的应用

众所周知，要说嵌入式计算机在哪方面运用最多，那便是网络系统了。它的使用可以让网络系统环境更加便捷简单。如在许多数字化医疗设施中，即便是同样的设计基础，但是仍然可以设立不一样的网络体系，除此之外，这种方法还可以大大减少网络生产成本，也可以增加使用寿命。

3. 嵌入式计算机在工业领域的应用

嵌入式计算机技术在工业领域方面的运用十分广泛，既可以加强对工程设施的管理和控制，又可以运用这种技术对周边状况以及气温进行科学掌握，这样一来，可以确保我们所用设施持续运转，也可以达到我们所想要达到的理想效果。

除了我所列举的三种应用方面，其实还有很多领域都要运用到嵌入式计算机，比如监控领域、电气系统领域等，这项技术给人们带来的成果无法估量。

二、嵌入式计算机的现状分析

最开始嵌入式系统概念被提出来的时候，就获得了当时不错的反响，它以其高性能、低功耗、低成本和小体积等优势得到了大家的青睐，也得到了飞速的发展和广泛应用。但是当时技术有限，嵌入式系统硬件平台大多都是基于 8 位机的简单系统，但这些系统一般都只能用于实现一个或几个简单的数据采集和控制功能。硬件开发者往往就是软件开发者，他们往往会考虑多个方面的问题，因此，嵌入式系统的设计开发人员一般都非常了解系统的细节问题。

然而随着技术的逐渐发展，人们的需求也越来越高，传统性的嵌入式系统也发生了很大的变化，没有操作系统的支持以及成为传统的嵌入式系统的最大缺陷，在此基础上，工程设计师们绞尽脑汁，扩大嵌入式系统使用的操作系统种类，可分为商业级的嵌入式系统和源代码开放的嵌入式操作系统。其中使用较多的是 Linux、Windows CE、VxWorks 等。

三、嵌入式计算机的未来发展

目前嵌入式系统软件在日常生活的应用已经得到了大家的认可，它不仅可以加快我国的经济发展，还可以实现我国当前的经济产业结构转型。但继续向前发展仍然需要技术人员的不断努力，在芯片获取、开发时间、开发获取、售后服务等方面，也需要加强，很多大型公司也在尽力研究高性能的微处理器，这无疑为嵌入式计算机的发展打下了良好的基础。

由于嵌入式计算机的用途不一，对硬件和软件环境要求差异极大，技术人员也在想办法解决此问题，目标是推进嵌入式 OS 标准化进程，这样会向更多大众所适应的那样，更加方面地裁剪、生产、集成各自特定的软件环境。但值得肯定的是，在嵌入式计算机未来的发展中，会被越来越多的领域锁运用，它将渗入我们生活大大小小的方面。

总而言之，在科学技术不断发展的情况下，嵌入式系统在计算机的运用已经逐步占据了我们的生活，融入了我们的日常。嵌入式系统不仅有功能多样化的特点，形态和性能也足够巧妙，还为我们带来了一定的便捷，对计算机的损耗也大大减少，也大大提高了计算机的稳定性。嵌入式计算机改变了以往传统计算机的运行方式，拥有更多有点和功能。综上所述，嵌入式计算机使我国的科技发展向前迈进了很大一步，也让计算机技术有了很大的提高。对于未来，嵌入式计算的作用和价值往往会超乎我们的想象。

第三节 地图制图与计算机技术应用

计算机技术的高速发展背景之下，极大的推动很多行业的全面发展，其中就有地图制图领域，该领域逐步的实现数字化转变和应用。地图制图与计算机技术融合起来，可以更好地提升工作的效率和数据的精确度。本节具体分析当前地图制图环节中的主要理论，然后了解该领域与计算机技术的融合应用，希望可以更好地促进地图制图领域的全面发展，极大的促进该领域的全面发展。

一、地图制图概论

（1）地图制图通常也可以叫作是数字化地图制图，这是在计算机技术融合所改变的，按照这种方式，也可以称之为计算机地图制图。在实践操作中，在原有地图制图的基本原理，应用计算机技术辅助进行，同时也融合了一些数学逻辑，可以更好地进行地图信息的存储、识别与处理，最终可以实现各项信息的分析处理，再将最终的图形直接输出，可以大大提升地图制图工作效率，数据的精确度也更高。

（2）要想综合的掌握数字地图制图，就应该充分的了解和分析数字地图制图所经历的过程。从工作实践分析，数字地图制图主要可以分成四个步骤。首先，应该充分地做好各项准备工作。数字地图制图准备阶段，和传统的地图制图准备工作是相似的。为了能够保证准备工作满足实际工作需要，还需要应用一系列的编图工具，并且对于各项编图资料信息进行综合性的评估，进而可以选择使用有价值的编图资料。按照具体的制图标准，应该合理的确定地图具体内容、表示方法、地图投影，还要确定地图中的比例尺。

其次，做好地图制图的数据输入工作。数据输入就是在地图制图时将所有的数据信息实现数字化的转变，就是将各项数据信息，包含一些地图信息直接转变成为计算机能够读取的数字符号信息，进而可以更好地开展后续的操作。在具体的数据输入环节，主要是将所应用的全部数据都输入到计算机内，也可以选择使用手扶跟踪方式来将数字信息输入到计算机内。

再次，将各项数据编辑与符号化工作，在地图制图工作环节，将各项数据都输入到计算机系统内，然后就要将这些数据实现编辑与符号化处理。为了能使得这些工作可以高效、准确的完成，必须要在编辑工作前进行严格的检查，保证各项输入的数据都能够有效的应用，且需要对各项数据进行纠正处理，保证数据达到规范化的标准。在保证数据信息准确无误之后，就要进行特征码的转换，然后是进行地理信息坐标原点数据的转化，统一转变成为规定比例尺之下的数据资料，且要针对不同的数据格式进行分类编辑工作。上述工作完成之后，就要进行数据信息编制，在该环节中，要对数据的数学逻辑处理，变换相应的地图信息数据信息，最终就能够获取相应的地图图形。

（3）地图制图的技术基础。要想全面的提升地图制图工作效率和质量，最为关键的技术就是计算机中的图形技术。将该技术应用到实践中，就能够满足地图抽象处理的需要。此外，计算机多媒体等先进的技术也可以应用到实践中，从而可以满足地图制图工作的需要。

（4）地图制图的系统的构成。在地图制图系统的应用过程中，需要由计算机的软硬件作为支持，同时还需要各种数据处理软件，这是系统的主要组成部分。

二、地图制图与计算机技术的应用

地图制图技术所包含的内容比较多，从实际情况分析，包含地图制作与印刷、形成完善的图形数据库。地图图形的应用和数据库联系起来，可以更好地展示出地图图形，然后再应用到数据库中进行显示、输入、管理与打印等工作，最终可以输出地图信息。地图制图系统除了上述几个方面的应用外，还能够使用到城市规划管理、交通管理、公安系统的管理等方面，同时还能够应用到工农矿业与国土资源规划管理过程中，所发挥出的作用是巨大的。

比如将地图制图技术应用到计算机系统之后，然后进行城市规划的管理与控制，可以更好是实现地图信息的数字化转变，并且将各项地图数据信息直接录入到数据库内，并且将制作完成的数据库信息，就能够开始对城市规划方案进行确定，且能够实现输入、接边、校准等处理，最终就能够直接形成城市规划数字化地图形式。将该制作完成的数字化图形再次利用到数据库信息来进行各项数据的管理，从而可以满足系统的运行需要。为了能够使得城市规划地图制图工作可以有序地开展，还应该根据实际工作的需要建立城市地形数据库信息，数据库中包含了完善的城市地形相应的数据信息，具体就是用地数据、经济发展数据、人口分布数据、水文状态数据等方面，再应用 SQL 查询，给城市规划决策的制定提供良好的基础。

例如：在某行政区图试样图总体图像文字处理的过程中，采用 Mierostation 进行图形制作，然后使用的 Photoshop 进行图像处理，通过处理的图像文字采用 CorelDarw 及北大方正集成组版软件组版。在该过程中，图形制作对测绘生产部门首要解决的问题，在实践中，彩色图和划线地图不同，需要对它的线状要素考虑，还需要对面状要素普染颜色及层分布问题。故而，通过计算机技术的应用，能够全面的满足以上问题的叙述要求，大大地提升了地图制图的效率。

数字化地图能够使用的范围是比较大的，除了上述几个方面之外，还可以应用到商业、银行、保险、营销等领域内。比如，数字化地图在银行工作中的应用，可以充分地了解银行网络在城市、农村等地区的分布情况，此时可以根据实际情况来确定银行设置的网点，给银行管理者确定发展规划提供有力的支持，促进银行发展。

综上所述，地图制图与计算机技术有效的融合到一起，能够更好地实现数字化转变，可以更好地提升应用效果。该技术的应用是比较广泛的，各个领域的发展都能够起到积极的推动作用，使得城市发展前景更加宽阔，极大的推动社会的发展和进步。

第四节　企业管理中计算机技术的应用

随着科学技术的高速发展，互联网技术以及计算机技术也在快速发展着，并且已经深入学校教学、企业办公和人们的日常生活当中。计算机技术在企业中越来越深入，作用也日趋加深，变得不可替代。虽然我们已经将计算机技术不断加强改进，运用到企业的管理当中，但是未来计算机仍旧具有发展空间。本节就对企业管理中的计算机技术的应用进行了研究探讨。

计算机技术的开发与使用对于企业管理来说打开了一个新的思路。在计算机技术的辅助下，企业管理的质量和效率都得到了很大的提高。所以，企业也越来越意识到计算机技术对于企业运营的重要性，并且也都加入到了使用计算机技术完成企业管理工作的队伍中。但如何更好地在企业管理中发挥计算机技术的作用还需要进一步研究探索。

一、计算机技术的优点

近些年来，随着科学技术的不断发展，计算机技术与互联网技术的发展势头迅猛。把计算机技术运用到企业中可以提高工作效率、增强企业的综合竞争力，而互联网的产生又催生了新型的企业模式，即互联网公司。可以说，计算机技术的应用使企业的管理更加稳定，计算方法更加简单、便捷。各大企业将计算机技术广泛地应用到企业日常的管理和计算中时，节约了企业的人力和物力的支出，这就相当于为企业节约了运营成本。虽然节约成本也是计算机技术的另一大优势，但把计算机技术运用到企业中也绝不仅仅只有这些优点。

计算机技术在企业管理中具有系统性管理和动态性管理的特点，互联网的应用又可以使企业能够对项目的情况和进展做到实时监控和管理。这种实时的监控以及管理能够有效提高工作效率，将项目的进度和现场情况实时反馈给企业的管理层，让企业了解项目的情况，及时对方案和进度做出调整指示，还能够提供更多的资金周转时间，让企业的管理层成员了解企业的运营情况，为企业争取更大的利益。

随着现代经济的高速发展，企业想要跟上经济形势，就必须具备一个移动的办公室。这个办公室可以随时随地进行操作和计算，及时掌握企业经营状况，传统的企业管理方法根本无法做到这一点。然而，计算机技术却可以帮助企业解决这一困难。在这种管理方法和管理模式之下，企业的管理层可以随时对企业进行监督、查询和远程指导。这样既帮助企业节省了人力、物力、财力，又保证了数据的安全性，使企业在管理上能够更加科学化、现代化。这些优势可以使企业在管理中更加高效、简洁，从而提高企业的综合竞争力。

二、企业管理对于计算机技术的要求

第一，降低计算机技术成本。企业运营的目的就是盈利，所以企业在计算机技术方面的要求第一个就是成本问题。企业希望计算机技术可以在企业的管理运营中带来经济效益，但同时又能够降低计算机技术的成本，减少企业的经济支出，增加利润。

第二，提供稳定的平台和处理方式。人事和行政两个部门，一般都需要处理一些细节性的事情，包括数据的整理等。但是这些工作往往需要耗费大量的人力资源，不仅耗费时间和精力，而且对于企业来讲，这样的工作方法根本就没有什么效率可言。工作效率低下会使企业的管理层不能够及时正确地接收内部的信息，致使管理者做出不恰当的决策。企业的管理和战略决定着这个企业的未来发展，其需要稳定的平台和有效的处理方式。这就需要计算机技术利用自身的稳定性和有效性解决企业管理中的这一难题。

第三，信息数据的安全性。企业的基本管理包括人力资源管理、生产材料分配、生产进程、项目进度、财务管理等内容。涉及这些方面的数据以及信息对于企业来说都是非常重要的资料，所以一定要保证它们的安全性。这就需要计算机技术可以通过自身的优势来帮助企业实现这一愿景。

三、计算机技术在企业管理中的应用

（一）计算机技术在财务方面的应用

财务部门对于企业来说是一个核心的部门，财务的数据信息能够直观地反映出企业的经营状况。传统的财务管理存在费时费力的问题，并且还不能够及时准确地接收市场的一些动态的信息，不能够保证持有信息的安全性，这也给企业埋下了信息安全隐患。但是计算机技术的应用改变了传统财务管理的方式方法，不再需要费时费力地整理大量的财务数据，可以运用计算机技术的运算系统来完成。并且在信息传递方面，能够及时准确地将信息传递给相关人员，不会因为人力、物力的匮乏，造成信息的延迟传递现象，避免给企业带来经济损失。计算机技术在财务管理方面的应用能够及时反馈实时信息，让领导在作决策时根据当前的环境给出恰当的判断和决定，提高了企业的工作效率。

（二）计算机技术在人力资源方面的应用

在传统的企业管理模式当中，人力资源管理主要就是掌控和管理信息。当人力资源部门面对大量的数据以及信息的时候，就需要大量的人力和物力对这些信息进行分类整理，耗时、耗力。但是运用计算机技术之后，就可以简单快速地将这些数据进行分类和统计，不用再像以前一样需要那么多的人力和物力。况且，人工整理也很有可能因为个人的状态问题或者其他的因素对数据的整理、统计产生偏差。但是计算机技术就可以有效地避免这一点，提高了工作效率，节省了人力资源工作成本。

（三）计算机技术在企业资源管理方面的应用

企业的资源管理包括人力资源管理、生产物料管理、财务信息管理、企业运营活动等。资源的安全性对于企业来说非常重要，它关系着企业是否能够正常经营，完成生产和销售环节，是企业的发展命脉以及生产经营的基本保障。计算机技术的安全性是毋庸置疑的，它能够有效地解决企业资源管理的信息安全问题。计算机技术还可以帮助企业更有效地分类和整理信息，对于库存的信息也能够及时登记，协助企业的领导层更好地进行组织活动。

（四）计算机在企业生产方面的应用

在现代的生产类企业当中，新产品的研发需要投入相当大的人力、物力和财力。为了增强企业在整个市场当中的综合竞争力以及核心优势，企业的研发人员就可以使用计算机技术来完成新产品的开发。这样可以节约大量的人力成本和研发资金的投入，从而有效地为企业节约成本。

四、计算机技术在企业管理中存在的问题

（一）对计算机技术的重视度不够

由于客观条件的影响，人们的思想还没有跟上经济发展的步伐，对于计算机技术的认识还未达标。对于一大部分企业来说，管理层多为年纪较大的人员，所以他们对于新鲜事物的接受和适应能力较差。很多企业的管理层并没有认识到计算机技术对于企业管理的重要性，更没有认识到计算机技术能够为企业带来良好的经济效益。领导者在企业的发展中扮演着至关重要的角色，他们的态度影响着企业管理和经营的模式。他们对于计算机技术的不理解、不支持，也直接导致企业对于计算机技术的不重视。计算机技术的优势在这样的企业中难以发挥，而企业的宝贵资源也会被浪费。

（二）没有明确的发展目标

计算机技术的高速发展在一定程度上也推动了企业管理的发展，但在我国的大部分企业中并没有制定明确的基于计算机技术之上的企业发展目标。由于没有指导思想，企业管理的发展也受到了不同因素的制约。还有一些企业不太相信计算机技术在企业管理方面的优势，对于这一切还持有观望的态度。这也导致部分企业还是倾向于传统式的企业管理，其不仅影响了企业的办公效率，也阻碍了企业综合竞争力的提高。

五、计算机技术在企业管理中的改善措施

（一）提高对于计算机技术的认识水平

首先，需要帮助领导者认识到计算机技术在企业管理中的优势和作用，使领导者在企业管理中对于运用计算机技术持有支持的态度，进而为基于计算机技术的企业管理创造良好的条件。其次，企业的领导者应该有意识地学习关于计算机技术下的企业管理知识，然后安排公司进行培训，让企业员工都能够掌握计算机技术，以及认识到计算机技术对于企业管理的重要性。计算机技术只有得到领导层和员工的一致认可，才能有效促进企业管理水平的提高。最终达到提高企业的工作效率，避免资源浪费，降低成本，增强企业的综合竞争力的目的。

（二）制定明确的发展目标

明确的发展目标为基于计算机技术的企业管理指明了道路。有了指导思想才能够更好地发展计算机技术，使计算机技术在企业管理方面发挥它的优势。对于一些中小型企业来说，其计算机技术发展目标大体上可以确定为提高企业的工作效率，降低企业的运营成本，节约资源等；对于大型企业来说，将计算机技术应用到企业管理当中，应该达到增强企业自身的核心竞争力，提高企业在市场中的综合竞争力的目的。

计算机技术对于企业管理来说有着至关重要的作用。它能够简化企业管理的方式、提高企业的工作效率、降低企业的运营成本，科学有效地管理企业。只有重视计算机技术在企业管理中的应用，才能最大限度地发挥出它的作用，在提高企业效益的同时让企业在市场竞争中站稳脚跟。

第五节　计算机技术应用与虚拟技术的协同发展

随着我国科技的不断发展，虚拟技术随之出现在了人们的生活当中。虚拟技术的到来不仅在极大的程度上给人们的生活带来了便捷，而且在一定程度上推动了我国社会经济的发展。虚拟技术主要指的是一种通过组合或分区现有的计算机资源，让这些资源表现为多个操作环境，从而提供优于原有资源配置的访问方式的技术。虚拟技术作为一种仿真系统，其生成的模拟环境主要是依靠计算机技术进行的。随着我国现在计算机技术的进一步发展，虚拟技术已经成为信息技术中发展最为迅速的一种技术。本节也将针对计算技术应用与虚拟技术的协同发展进行相关的阐述。

引言：随着我国经济的不断发展，我国的科学技术随之得到了相应的更新。在如今这个先进的时代当中，虚拟技术随之营运而生，虚拟技术作为一种仿真系统，虚拟技术的到来无疑在很大的程度上促进了我国社会经济的进一步发展，在进入到信息时代后，计算机技术应用也逐渐得到了人们的广泛关注。在经济发展速度逐步加快的过程中，虚拟技术与计算机技术应用的关系变得日益紧密。针对计算机技术应用与虚拟技术的协同发展，本节将从虚拟技术的概述与特征、虚拟技术在计算机技术中的应用、以及计算机技术应用与虚拟技术的协同发展这三个方面进行相关的阐述。

一、虚拟技术的概述与特征

（一）虚拟技术的概述

随着我国科技的不断发展，人们逐渐进入了信息时代。在信息时代当中，信息技术的发展变得越来越迅速，在这种情况之下，虚拟技术随之营运而生。对于虚拟技术而言，虚拟技术的基础组成部分主要可分为三个方面，分别是：计算机仿真技术、网络并行处理技术、以及人工智能技术。这三种技术作为组成虚拟技术的重要部分，是虚拟技术不可缺少的。此外，虚拟技术除了不能缺少这三个基础之外，更是需要借助计算技术对其进行辅助，因为只有计算机技术的辅助，虚拟技术才能进行事物模拟。为了能够让虚拟技术在计算机技术中得到更好的应用，相关人员除了需要不断的对其进行研究之外，更重要的是在计算机信息技术快速发展的过程中，对计算机技术的发展历程进行研究。

（二）虚拟技术的特征

上述针对虚拟技术的概述进行了相关的阐述，总的来说，虚拟技术给人们生活带来的好处是毋庸置疑的，而为了让虚拟技术在今后得到更好的发展，以及对虚拟技术有足够的认识相关人员就需要加大对其的研究。对于虚拟技术而言，由于虚拟技术是在网络技术、人工智能、以及数字处理技术等多种不同信息技术中发展起来的一种仿真系统。所以虚拟技术也将拥有着许多的特征。本节将通过以下三个方面，对虚拟技术的特征进行相关的阐述。一是，虚拟技术有着良好的构想性。所谓构想性，其主要指的就是使用者借助虚拟技术，从定量与定性的环境中去获得理性的认识，在获取的过程中所产生的创造性思维。虚拟技术之所以具有良好的构想性，其原因主要是，虚拟技术能在一定程度上激发使用者的创造性思维。二是，虚拟技术的交互性。虚拟技术作为一种人际交互模式，在使用时，所创造的一个相对开放的环境主要是动态的。虚拟技术的交互性主要指的是，使用者利用鼠标与电脑键盘进性交互，除此之外，使用人员也可利用相关设备进行交互。在交互的过程当中，计算机会对使用者的头部、语言、以及眼睛等动作的进行调整声音与图像。三是，虚拟技术具有沉浸性。对于虚拟技术而言，虚拟技术主要的工作原理是，通过计算机技术来构建一个虚拟的环境。虚拟技术所创造出的环境与外界环境并不会产生直接性的接触，由于虚拟技术所创造出的环境有着很强的真实性，所以使用者在体验的过程中就会沉浸在其中，正是因为虚拟技术拥有良好的沉浸性，可以吸引使用者的注意力，所以现如今虚拟技术已经被逐渐运用到了各个领域当中。

二、虚拟技术在计算机技术中的应用

通过上述可以了解到，虚拟技术的特征将给人们的生活带来更大的益处，针对虚拟技术，相关人员更是需要对其加以研究，使之在今后得到更好的发展。当然，在时间的不断推移之下，虚拟技术在计算机技术中的应用也变得越来越广泛。自我国第一台计算机诞生之后，我国计算机技术的发展速度就变得越来越快，计算机技术的迅速发展，也使得新型计算机随之应运而生。针对目前我国市面上的计算机来看，现在市面上的计算机已经变得十分轻薄，且拥有着许多智能化的功能。虽然目前我国的计算机普遍都已经智能化，但在计算机技术智能化发展的过程中，传统计算机却面临了许多严峻的挑战。针对这些严峻的挑战，相关人员也采取了许多的解决措施，其主要表现在以下几点。一是，相关人员首先在计算机研发原理上进行了突破，且在虚拟技术上取得了较快的发展，尤其是多功能传感器相互接口技术在虚拟技术中的作用变得越来越突出。二是，对计算机性能与智能化性能进行了优化升级，在计算机性能与智能化性能的不断优化升级过程中，虚拟技术对其起到了十分积极的作用。将现如今的计算机人机界面与传统的人机界面相比较的化，可以明显看出，虚拟技术很多方面都取得了进步。

三、计算机技术应用与虚拟技术的协同发展

随着我科技的不断发展，多媒体技术随之出现在了人们的生活当中，并得到了人们的广泛应用。对于对媒体系统而言，多媒体系统作为计算机技术应用中的一种，利用多媒体会议系统，可以将多媒体技术、处理、以及协调等各方面的数据，如：程序、数据等的应用共享，创造出一个共享的空间。此外，多媒体系统也可以将群组成员音频信息与成员的视频信息进行传输，这样不仅可节省许多的时间，而且方便成员之间相互传递信息。

结束语：总而言之，随着我国经济的不断发展，虚拟技术随之出现在了人们的生活当中，虚拟技术与计算机技术是密不可分的，通过对计算机技术应用与虚拟技术的协同发展的阐述，可以知道，想要虚拟技术得到更好的发展，就需要对其计算机技术，以及相关应用加以研究。

第六节　数据时代下计算机技术的应用

本节在数据时代的背景下，探讨如何科学、合理运用计算机技术为企业服务，这也是当前人们研究的重点问题。基于此，主要分析了数据时代下的计算机信技术的应用关键，期望能够对有关单位提供参考与借鉴。

自 20 世纪 80 年代以来，全球信息技术快速发展，特别是 Internet 网的出现和普及，让信息技术迅速的渗透到了社会各个角落，其也标志着全球信息社会的成形，信息化成为人们一直的实际潮流。在数据时代下想要满足计算机技术的应用要求，就需要对计算机信息处理技术进行研究分析。

一、数据时代下的计算机信息处理技术研究

（一）计算机信息采集技术和信息加工技术的研究

在数据时代发展背景下，有关工作人员想要有效地将计算机信息处理技术进行创新发展，就必须要根据其发展现状与存在的问题研究出一些有效策略，首先，笔者认为需要对计算机信息采集技术进行全面的改善创新，将原本存在的不足之处弥补，要明白计算机信息集采技术不单纯是进行信息数据的收集、记录以及处理等工作，还要对信息数据进行有效的控制监督，将所收集到的相关信息书籍全部记录在案，纳入数据库中，其次为了符合数据时代下计算机技术的应用发展，必须要加强对计算机信息加工技术的研究创新工作，必须要都按照用户的需求来对不同种类信息数据进行加工，然后在加工完成后传输给用户，从而为计算机信息处理技术提供足够的基础，让整合计算技术应用得到有力地保障。

（二）计算机信息处理技术研究

在以前信息数据网络都是通过计算机来进行信息数据的收集、记录以及处理等工作，所具有的操作空间较小，使得计算机技术的应用受到了一定限制，而在数据时代的发展背景下，可以通过云计算网络来开展以前的一系列工作，让计算机技术应用的操作空间变得越来越大，而计算机信息处理技术在数据时代下所展现出的优势也逐渐明显，被人们所重视。

（三）计算机信息安全技术的研究

在数据时代下，笔者认为可以从三个关键点对其进行计算机信息安全技术的提升：

（1）在数据时代下传统的计算机信息安全技术已经无法紧跟时代地发展步伐，满足不了人们对于计算机技术应用的需求，因此必须要不断地研发新的计算机信息安全技术产品，为数据时代下的计算机信息数据带来有效地安全保障。

（2）相关工作人员在研究新的计算机信息安全技术产品时，必须要健全完善计算机安全性系统，构建出一个科学合理且有效地计算机安全体系，并且在这个过程中必须要保证资金的充足，加强对有关人员的培训工作，争取为我国培养出具有专业性的优秀计算机技术人才，为我国的计算机信息安全技术研究工作作出更大地贡献。

（3）最后在数据时代下，我们必须要重视对信息数据的实时检测工作，因为数据时代下的信息数据种类繁多，且信息量非常大，如果在信息数据进行收集、记录以及处理等工作时没有实施检测，那么极有可能出现安全隐患，所以必须要有效地运用计算机技术，对信息数据进行实时检测，确保这些信息数据具有足够的安全可靠性。

二、数据时代下计算机信息技术系统平台的构建研究

（一）构建虚拟机与安装 Linux 系统

在数据时代下，计算机所应用的 Linux 系统是当前最新的版本，在对其进行构建时，必须要重视静态 IP、主机名称等因素，在一定的程度上来讲，想要在 IBM 服务器中创建出独立虚拟机，必须要为其打造出一个具有极强操作性的系统，当本地镜像晚间建立后就可以进行 Linux 系统的安装，并且在这个过程中一个服务器是可以安装两个甚至更多的虚拟机的。通过这样的方式不仅能够提升虚拟机与安装 Linux 系统的构建效果，还能为构建工作节约大量地时间。

（二）计算机服务器硬件以及其他方面的准备工作

在进行计算机信息技术系统平台的构建时，需要注意计算机服务器硬件的基础条件，在计算机服务器硬件中是需要多个 IBM 服务器的，在安装完成后还要对其进行检测，确保这些 IBM 服务器能够安全稳定地运行，其他方面的工作主要是对静态 IP 以及相关系统

（三）Hadoop 安装流程分析

在完成前面的工作以后，就可以进行 Hadoop 安装工作，在进行 Hadoop 的安装时，必须要为其配置相关文件，然后在相关文件配置后，开始 JAVA 的安装工作以及 SSH 客户端登录操作，在这个过程中还可以合理地运用命令安装，在安装完成后必须要设置相关的密码（包括了登录密码、无线密码等等）。必须要让逐渐点生成一个密钥对，要将密钥进行公私划分。并还要把公钥复制在 slawe 中，把相关的权限调整为对应的数据信号，在今后就能够迅速且精简地进行密钥对，使得公钥追加授权的 key 程序中，最后再通过一系列的操作使得 Hadoop 的安装流程变得简单易操作。

三、数据时代下的计算机信息收集技术研究

（一）数据采集技术

在大数据出现之前，尽管大家都知道普查是了解市场最好的一种调查方式，但由于普查范围太广，成本太高，因而导致企业难以进行有效的普查。而大数据的出现，从根本上改变了传统调查难以进行普查的局面。但在实际的调查工作中，需要根据任务目标，明确样本采集的总体，而其主要内涵是，通过企业自身产品定位，来确定具体的客户群体，并基于该类客户群体，实施市场调查。如：针对汽车产品，首先要明确用户的使用场景，和使用习惯，从而能够基本确定其消费层次。结合大数据，能够还能够了解到这类用户的年龄分布和消费习惯。在确定消费层次、年龄分布等信息之后，就能够有针对性地进行相应的市场调查。

同时，在进行数据采集的过程中，需要采用高效的数据采集工具。由于大数据所具有的特点，所以实际的数据采集工作中，所需要面对的数据量巨大、所需要分析的内容和具体方面也非常多，所以采用必要的工具来进行数据收集，可以有效地提高数据采集的效率和分析效率。在数据采集中，可以通过日志采集的方法来实现。日志采集是通过在液面预先置入一段 javaScript 脚本，当页面被浏览器加载是，会执行该脚本，从而搜集页面信息、访问信息、业务信息及运行环境等内容，同时，日志采集脚本在被执行之后，会向服务器端发送一条 HTTPS 的请求，请求内容中包含了所收集的到信息；在移动设备的日志采集工作中，是通过 SDK 工具进行，在 APP 应用发版前，将 SDK 工具集成进来，设定不同的事件、行为、场景，在用户触发相应的场景是，则会执行相应的脚本，从而完成对应的行为日志。

（二）数据处理技术

在完成数据的采集之后，相关数据质量可能参差不齐，也可能会存在一定的数据错误，

因此在对大数据进行分析和利用之前，需要解决大数据的处理和清洗问题。在进行数据清洗过程中，可以通过文本节件存储加 Python 的操作方式进行数据的预处理，以确定缺失值范围、去除不需要字段、填充缺失内容、重新取数的步骤来完成预处理工作。其次要针对格式内容，如时间、日期、数值等显示格式不一致的内容进行处理，以及对非需求数据进行处理。通过删除不需要字段的方法，可以完成一些数据清洗工作，而针对客服中心的数据清晰，则需要进行关联性验证步骤。例如：客户在进行汽车的线下购买时预留了相关信息，而客服也进行了相关的问卷，则需要比对线上所采集的数据与线下问卷的信息是否一致，从而提高大数据的准确性。

（三）数据分析技术

数据分析直接影响到对大数据的实际应用。数据分析的本质是具有一定高度的业务思维逻辑，因此数据分析思路需要分析师对业务有相当的理解和较广的眼界。在进行数据分析时，首先要认同数据的价值和意义，形成正确的价值观。其次在进行数据分析时，要采用流量分析，及通过对网站访问、搜索引擎关键词等的流量来源进行分析，同时要自主投放追踪，如投放微信文章、H5 等内容，以分析不同获客渠道流量的数量和质量。数据分析的目的是为企业的决策提供依据，因此，进行数据分析时，需要通过报告的形式来对数据内容进行反映，在报告中，要明确数据的背景、来源、数量等基本情况，同时需要以图表内容来进行直观表现，最后需要针对数据所反映的问题进行策略的建议或对相关趋势的预测。

综上所述，在数据时代下，计算机技术的应用应当学会创新发展，跟上时代地发展步伐与社会需求来充分地运用相关技术，将计算机技术在数据时代下的应用作用发挥到最大。

第七节　广播电视发射监控中计算机技术应用

随着社会的不断进步，计算机技术飞速发展，被广泛应用到不同行业、领域中，发挥着关键性作用。在广播电视行业发展中，计算机技术的应用可以动态监控广播电视发射设备，做好防护工作。因此，该文作者客观分析了广播电视发射监控中计算机技术的作用，探讨了广播电视发射监控中计算机技术的应用与前景。

在新形势下，广播电视发射监控已被提出全新的要求，必须优化利用计算机技术动态监控广播电视发射，避免广播电视发射受到各种因素影响，使其顺利传输各类信号，提高传输数据信息准确率。在应用过程中，相关人员必须综合分析各方面影响因素，结合广播电视发射的特点、性质，多角度巧妙利用计算机技术，实时监控广播电视发射中心，顺利实现广播电视发射，避免发射中出现故障问题。

一、广播电视发射监控中计算机技术的作用

（一）图像信号发射监控方面的作用

早期，呈现在大众面前的电视节目只有画面没有声音，随着音频传播技术的持续发展，当下电视顺利实现"音频、图像"二者同步传播，可以输出彩色的图像，在此过程中，计算机技术发挥着重要作用。在计算机技术的作用下，广播电视发射信息监控逐渐呈现出"精准化、智能化"的特点，和传统人工监测相比，更具优势，更加便捷，一旦广播电视发射监控系统运行中存在问题，便会及时作为报警提示，工作人员可以第一时间采取有效的措施加以解决，确保系统设备处于高效运行中。在新形势下，图像处理对计算机技术提出了更高的要求，可借助计算机技术，动态处理各类图片，对其进行必要的"个性化、加工"设计，图像"设计、定位"等技术日渐成熟，精准定位图像信号频率，确保图像信号发射、远程监控同步进行，可远程动态监控电视节目画面，确保输出的节目画面更加精准，提高传输图像信号准确率的同时，促使广播电视节目图像更具吸引力。

（二）音频信号发射监控方面的作用

在社会市场经济背景下，广播电视音频信号发射技术日渐成熟，但在计算机技术没有应用于广播电视发射监控之前，音频信号极易受到内外各种因素影响，出现"变频、消失"现象，导致发射的各类信号无法以原形方式呈现在观众面前，电视节目画面质量较低，大幅度降低了电视节目收视率。而在计算机技术作用下，广播电视发射方面存在的一系列核心技术问题得以有效解决，可全方位动态监控音频与图像信号，也就是说，在传输中，如果出现故障问题导致变频，计算机系统会第一时间做出警报提示，工作人员可以结合一系列警报数据信息，展开维修工作，科学调整信号，在提高传输信息数据效率的同时，提高各类电视节目质量。

二、广播电视发射监控中计算机技术的应用

（一）广播电视发射设备

当下，在广播电视发射监控方面，计算机技术的应用日渐普遍化，是促进广播电视行业进一步向前发展的关键所在。就广播电视发射设备而言，是广播电视发射台运行中的关键性技术设施，由多种元素组合而成，比如天线、馈线系统。在运行中，广播电视发射机会先将信号传输到对应的天线接收系统，在天线转化作用下，传输给不同类型的接收设备，才能呈现出对应的画面与信息。在传输信号过程中，必须保证发射设备不出现故障，能够稳定传输，呈现画面的同时播放各类信息。其中计算机处于核心位置，动态监控各类设备，看其是否处于正常运行状态，在对比分析各类信息数据的基础上，及时做出预警提示，确

保工作人员第一时间实时"检测、调整"画面,如果发射机出现较为复杂的故障,系统会自动侦测故障问题,实现倒机,可以在一定程度上降低损失。

(二)广播电视发射监控中计算机抗干扰技术的应用

在广播电视发射监控系统的构建中,计算机技术被广泛应用,数据库技术、多媒体技术也被应用其中,可以实时远程控制广播电视发射设备,可构建合理化的远程局域网,实现更长距离的监控,有效访问系统设备。因此,笔者以计算机抗干扰技术为例,探讨了其具体化应用。

在新形势下,相关人员可以借助计算机技术,避免广播电视发射信号中受到干扰,确保传输的信息数据更加准确、完整。具体来说,广播电视发射监控极易受到相关干扰,空间电磁波、接电线干扰计算机设备信号,传输线缆内部数据中干扰计算机系统,急需采取可行的措施加以解决。在计算机技术作用下,相关人员需要先将干扰信号波加入空间传播电磁波信息好,优化利用以计算机为基点的信号处理部件,有效过滤来自各方面的干扰信号,可以巧妙利用屏蔽干扰成分形式,将出现的干扰波彻底消除,在满足各方面要求的情况下尽可能减少接入的电线,避免干扰传输的一系列信号。在此过程中,相关人员必须确保各系统设备顺利接地,有效排除信号干扰,这是因为在高频电路中元件、布线的电容以及寄生电感极易导致接地线间出现耦合现象,要采用多点入地方法,综合分析各方面影响因素,坚持接地原则,采用适宜的接地方法,准确接地,避免出现高频干扰。对于低频电路来说,寄生电感并不会对接地线造成严重的影响,可采用一点接地方法,避免广播电视信号发射中受到干扰。同时,在解决接地线信号干扰问题时,相关人员可以巧妙利用平衡法,优化利用平衡双绞线,确保信息数据可在传感器输入与输出端口中传输,结合各方面具体情况,以电路为基点,有效转换信号系统类型,尽可能降低系统信息数据传输的差模数值,充分发挥处于平衡状态的双绞线多样化作用,防止传输的各类信号被干扰。

(三)广播电视发射监控中计算机技术的应用发展方向

1.信号准确分类再进行监控

随着社会经济飞速发展,各类数据信息层出不穷,相互干扰。在接收到海量数据信息之后,计算机技术与设备会先对其进行合理化分类再进行动态化监控。在应用过程中,计算机系统在信号方面的敏感度特别高,如果广播电视统一时间传输海量信号,计算机会逐一对其进行分类,并对其进行动态化控制,在一定程度上简化了监控操作流程,提高了监控整体效率。

2.监控信号的同时有效检测外界信号

在新形势下,各类卫星频繁出现,比如,商用卫星、电视卫星,也就是说,在传输广播电视节目信号时,极易受到不同信号干扰,降低电视解决节目信号质量。在广播电视节目播放之前,相关人员可以巧妙利用计算机技术,准确检测外界各类信号。工作人员可以及时根据这些信号的干扰强度，进行合理化判断，通过不同途径采取有效的措施加以解决，避免传输的一系列广播电视信号受到干扰，在传送电视节目信号之前，制定合理化的预防方案，避免传输的信号被干扰，提高传输信息数据的准确率，提高信号传输质量。

总而言之，在广播电视发射监控方面，计算机技术的应用至关重要，相关人员必须根据该地区广播电视发射监控具体情况，从不同角度入手优化利用计算机技术，避免信号传输过程中受到干扰，动态监控设备系统，及时发现其存在的隐患问题，第一时间有效解决，提高系统设备多样化性能，处于安全、稳定运行中，为观众提供更多高质量的电视节目，满足他们各方面的客观要求，从而降低广播电视发射设备运营成本，提高其运营效益，促使新时期广播电视行业进一步向前发展，走上长远的发展道路，促进社会经济全面发展。

第八节　电子信息和计算机技术的应用

随着人类社会经济的快速发展，电子信息和计算机技术也日新月异，已经推动人类社会进入到了信息时代，其在人类社会各行各业中都扮演着极其重要的作用，已经成为人类社会不可或缺的一部分。尤其是在近些年，增长速度非常快，规模也在不断地扩大，在航天航空、信息中心、无线通信、汽车等领域已经得到了广泛的应用。

一、电子信息和计算机技术概述

电子信息技术是建立在计算机技术基础之上，二者相互依存和相互影响。电子信息和计算机技术主要研究自动化的控制，通过计算机网络技术进行维护，并且高效的采集数据信息，并传递和整合数据信息。通俗来讲，人类社会生产和生活中使用的有线和无线的设备、网络及通信相关都属于它们其中的一部分。电子信息和计算机技术具有应用广泛、通信速度快和信息量大、发展迅速的特点。

二、电子信息和计算机技术的应用

（一）航空航天方面的应用

现代航空航天产业中，电子信息和计算机技术无处不在，并且在整个产业中不可替代，例如利用计算机和电子信息设备进行航空航天相关产品的设计，飞机在飞行过程中航线的安排和控制，卫星控制和数据采集，火箭和神舟飞船的发射及控制等等。

同时，现在利用三维图形生成技术、多传感交互技术以及高分辨显示技术，生成三维逼真的虚拟环境（虚拟现实技术），是电子信息和计算机技术在航空航天上的新兴应用。利用电子信息和计算机技术建立起的飞机驾驶模拟系统，驾驶学员可以戴上与系统匹配好的头盔、眼镜或者数据手套，或者利用更加直接的键盘和鼠标等输入设备，进入虚拟空间，进行"真实"的交互训练，并且系统能够模拟出各种的飞行状况，更好更加全面地对飞行员进行培训，感知和操作虚拟世界中的各种对象，避免在现实中出现操作失误，发生严重安全事故。

（二）汽车方面的应用

随着人类经济的发展，汽车已经走进千家万户，对人类生活起着举足轻重的作用。随着电子信息和计算机技术的发展，在传统汽车领域的基础之上，出现的汽车信息电子技术化已经被公认为是汽车技术发展进程中的一次革命。

当前汽车电子技术主要是利用电子信息和计算机数据采集、控制和管理的作用，向集中综合控制发展。如以下举例：

（1）汽车在行驶过程中的刹车和牵引力分配控制中采用的制动防抱死控制系统（ABS）、牵引力控制系统（TCS）和驱动防滑控制系统（ASR），不同的模块间是通过线路连接，采集相关数据，最后传输到小型计算机CPU进行计算，并产生反馈控制，大大地提升了车辆行驶过程中的协调性、平稳性和安全性；

（2）为了提高燃油的效率，发动机上也会安装燃油控制系统，它能够按照点到设定的程序，精准的控制燃油量。

（3）电子信息和计算机技术在汽车中新型应用：

①无人自动驾驶技术：通过计算机对各种路况的信息的采集，并处理反馈，达到无人驾驶的目的。目前自动驾驶汽车已经研发出来，并投入使用，例如美国的特斯拉公司。我国比亚迪公司也在进行相关的研发，相信在不久的将来我们也会有无人驾驶汽车在道路上行驶。

②驾驶人员行驶状态检测技术：在汽车驾驶舱内安装一些传感器探头，可以随时随地捕捉驾驶员的状态和一些行为，并将相关信息传输到计算机CPU内进行分析判断，检测出驾驶员是否有酒驾、疲劳驾驶的情况等，并可以自动发出提醒警报。

③智能识别技术：可以通过对车主的指纹、声音以及视网膜等信息进行采集，并输入到数据库内，让车辆只能在车主这些信息下启动，能够提高车辆的防盗性能。

④车联网技术：将多台车辆的信息通过电子传感器连接到一台计算机上，通过计算机对这些车辆的信息进行统一的分配和处理。

电子信息和计算机技术与汽车制造技术的结合已成为必然的趋势，汽车产业会朝着智能化和信息化的方向不断发展，为人类提供更好更安全的体验。

（三）现代教育和教学方面的应用

之前的教育教学方式一般直接采用图表、模型、手口相传、进行实验等直观教学的手段，但是，在21世纪的今天，我们所处的环境是经济和知识高速发展的时代，以电子信息和计算机技术为核心的现代教育技术在教育领域中的应用，全面推进素质教育，已成为衡量教育现代化水平的一个重要标志。

电子信息和计算机技术在现代教育和教学上的应用包括：

（1）远程和网络教学：它是基于卫星通信技术，利用计算机为依托进行的一种教学方式。现在各高中和名校合作办学，可以共享名校的教育资源，同时，网络上兴起的微课学习和各种自学的教程，都是电子信息和计算机技术在教学手段上的体现。

（2）多媒体教学形式：它是基于计算机多媒体技术建立而成，取代了传统的手口相传的方式，在课堂利用语言实验设备、电子计算机辅助教学系统可极大地实现教学过程的个性化，真正做到因材施教，加入了更多的图片、动画和音像资料，把学习由枯燥变得更加生动形象；由于具有多重的感官刺激、传输的信息量大而且速度快、使用方便和交互性强等优点，其在教育领域的发展势头已经成为如今的主流。

（3）翻转课堂：由于电子信息和计算机技术的不断发展，现在的老师和学生之间，已经可以从原来的老师主导教学转变为学生主导教学。学生借助于各类学习 APP 和互联网上老师录入的学习视频，学生可以随时随地自主高效的学习，提高了学生的参与度，节约了教育资源。

（4）随着大数据时代的来临，各个学校图书馆也建立起了电子图书馆，资源丰富，能够方便学生查阅和阅读相关的书籍，对学生的学习效率和阅读效果都有非常大的帮助。

（四）人类社会生活方面

近十年来，各种基于电子信息和计算机技术而出现的各种新奇的发明创造和新技术对人类社会生活质量的提高起着极其重要的作用。

（1）智能手机、电脑和互联网的应用。现在人类社会已经进入了互联网时代，人们人手一部智能手机，家里也有电脑，再加上光纤信息技术和 WIFI 技术的普及，使人们在信息获取、存储和互换上更加方便和快捷，拉近了世界的距离。现在不单单是语音通话，人们可以随时随地与其他人进行视频沟通或者拍摄短片上传于网络上进行互动交流。

（2）网络购物和支付系统。电子信息和计算机技术开发出的网络购物，使得人们能够足不出户地买到想要的东西。特别是各类购物 APP 和平台的开发，满足了人们的购物需求。像微信、支付宝等支付方式的出现，使得人们出行更加便捷，同时，无纸币化的支付方式，也使人们的货币安全得到了更好的保障，人们出行也用担心没有带够钱，切切实实地使得人们生活的方式发生了翻天覆地的变化。

（3）VR 技术，也能够给人们在购物、娱乐和游戏上提供全新的体验。VR 创建的虚拟环境，能够使人们"加入"到这个世界，体验感更加强烈和真实。

三、电子信息和计算机技术发展新方向

人工智能是当前电子信息和计算机技术发展的新方向。人工智能（学科）是计算机科学中设计研究、设计和应用智能机器的一个分支。主要用机器来模拟和执行与人类智力相关的劳动，比如，最近击败各大围棋高手的 AlphaGo。其他，不如像机器人管家、外科机器人医生、外太空探险等，会随着技术的不断进步而逐一实现。

电子信息和计算机技术渗透到人类社会的方方面面，占着不可替代的地位，而我国在这方面的技术还不够成熟或者先进。但是，随着我国经济水平的不断提高，对电子信息和计算机技术的投入也会越来越大，不论在国防军事还是人们的生产生活中，对其需求也越来越高，我们应当将其作为增加我国综合国力和竞争实力的发展方面，也是满足人类社会进步的需要。

第九节　通信中计算机技术的应用

在通信行业中应用计算机网络技术，可以有效整合网络资源，较之传统通信技术而言，可以有效提升通信质量和安全，实现大范围的信息传播和共享，带给人们信息传递更大的便利和支持，推动社会进步和发展。本节对通信中计算机技术的应用进行了探讨。

随着计算机技术在社会上的应用越来越广泛，人们在社会生活中使用计算机通信技术，提高了人们的生活质量和生活水平。因此我们应当不断完善与创新计算机通信技术，提高计算机技术与通信技术的融合度。计算机技术和通信技术融合是社会发展的要求，有利于这两种技术的可持续发展。因此我们应当在社会上加大宣传计算机通信技术的力度并不断完善和创新该技术，使得计算机通信技术更好地服务于人类。

一、计算机通信技术的主要特点

（一）数据传输效率较为优秀

通过与原始的通讯数据相比可知，在通讯当中应用计算机技术，在一定程度上可以将数据传输的效率进行持续优化，并且数据的互动与传输这速度也有着较为明显的提升。在普通的情况之下，64kb/s 是一个数字信息正常的传输速率，而应用计算机技术之后，传输速率最高可以达到 48 万字符每分钟。通过对这一数据进行分析可知，在信息传输速率方面来看，数字信息传输要优于模拟信息传输，简而言之，计算机技术的广泛应用，简便了世界各国人民的彼此交流，同时也积极地促进了社会的良好发展。

（二）抗干扰能力特别强

计算机技术应用的范围越来越广泛，而一些与之相关的商业活动数量也在持续的增长。在此过程当中，如果不能切实地保障通信功能，也就无法保证计算机通信安全和高效。因此，信息通讯自身的抗干扰能力可以通过计算机技术的应用来进行增强，这是原始通信技术当中还无法及时解决的问题，在对数据进行转换和处理的过程当中，计算机通信采用的方式为二进制。与此同时，还消除了数据传输过程当中出现的噪音。

（三）对传统通信内容进行丰富

社会在持续的进步，也就通过现代计算机通信技术丰富了传统的通信方式和内容，传统通信方式在发送信号和数据的过程当中，通常采用二值通信来传输图像和声音。而在多媒体通讯当中运用计算机技术，就可以更加快捷且清晰了传输图像和声音，社会大众也就更加肯定这种多媒体通信方式。

二、通信中计算机技术的应用

（一）通信管理系统中对计算机技术的应用

计算机技术应用于通信管理系统中，使得通信信息的管理质量和管理效率都有所提高，可以最大限度满足通信行业的经济利益需求。目前通信行业对计算机技术的认识已不再局限于计算机技术自身的应用价值，而是会发挥计算机技术对于通信行业的实际应用价值，因此，基于通信行业的需要对计算机技术进行深入研究，实现了计算机技术与通信技术的有效融合，计算机技术具有很高的工作效率，使得通信行业的运行质量得以提升，使得行业经济效益明显增加，通信行业的竞争力也得以增强。通信管理系统的运行，对整个通信行业都发挥着技术指导作用，应用计算机技术可以使得通信行业的各项工作自动化运行、智能化展开，使得通信设备终端发挥更高的使用价值。通信行业的信息管理系统有效应用计算机技术，使得工作量大大降低，工作效率有所提高，通信行业的各项工作得以高效完成。

（二）计费系统中对计算机技术的应用

计算机技术在应用领域中普及，使得计算机技术不断完善，在通信行业中应用，提高了通信行业各个运行系统的运行效率。通信行业中的计费系统负责对各种涉及费用的信息进行采集、分类整理、分析等，相关的信息资料都存储在计费系统中。随着行业市场环境的不断变化，用户的需求也不断变化，对计费系统就会有不同的计费要求。这就需要计费系统具有自我调整和技术更新的功能，使得系统结构不断完善，各项计费工作得以优化。计费系统运行中应用计算机技术，使得通信系统的运行效率有所提高，而且能够从用户的角度出发及时更新系统。目前的三大通信运营商包括联通运营商、移动运营商和电信运营商。这些运营商的计费系统都是在计算机技术控制下运行的，可以确保通信费用计算准确、计费信息及时传递。不仅如此，计费系统还会从社会经济环境的角度出发根据行业发展需要调整通信计费方式，以推进通信费用的合理化。计费系统应用计算机技术之后，系统的兼容性就会有所提高，使得通信计费方式更为灵活多样。

（三）在自动查号和数据管理中的应用

计算机通信技术具备多样性、全方位的特点，在日常生活中比较常见的就是自动查号与数据管理。人们生活中会经常运用公用网拨打长途电话或者短途电话，这都得益于计算机通信技术。这种自动查号的方式，彻底颠覆了传统手工记号的方式，为人们的操作提供了巨大便利，使信息保存更加安全、稳定，同时也节约了查找时间、提高了工作效率，更加符合当代社会发展需求。另外，除了自动查号功能之外，在数据管理中计算机通信技术也发挥着不可忽视的作用，利用计算机通信技术实现了数据管理的统计功能，能够满足不同工作的需求，随时进行数据更新与用户号码修改，进一步实现了信息系统的完整性与全面性。

（四）在计算机无线传感网络中的应用

无线传感是现阶段一种全新的信息获取网络，是无线通信手机、分部信息处理技术等多种技术的集成，这种技术可以利用大量资源有限传感节点进行协作，实现对信息的感知、采集以及发布，最终完成特定任务。由于节点自身的资源是有限制的，所以，WSNs 在传递信息过程当中就需要节约资源，并利用这种方法来延长自身的生命周期。现如今，在传统的数据中心当中，一般采用的属性分层结构已难以满足全新的网络服务需求，这种结构需要在顶层使用特殊的交换机，这就使得其造价十分昂贵，并且无法提供灵活的容错性能，特别是在处理流数据过程当中更是如此。当前，信息大量生产，数据每天正以百万级的速度飞快生长，这也产生了数据流。一个数据中心的架构对于系统的性能有着十分重要的作用，而数据中心的传统网络架构已无法适应流数据。

（五）通信网络运行中计算机技术的应用

通信网络运行中应用计算机技术可以起到一定的防护作用，确保网络运行安全。网络的开放性和信息共享性，决定了网络空间必然会存在诸多的不安全性，通常会表现为病毒传播、黑客攻击以及漏洞的产生等。要确保通信网络的安全运行，就要合理应用计算机技术，要综合考虑多方面的影响因素。从计算机技术的角度而言，要采取必要的跟踪防护技术、安全检测技术以及防伪监测技术。进入到网络的用户都要使用密码登录，口令准确之后才可以顺利进入到网络平台中，也可以使用指纹作为访问权限，做好通信网络的管理工作。所有的通信信息都要进行加密处理，通常使用的是用户数据包协议或者传输控制协议等，可以保证数据信息不会遭到破坏，确保通信信息完整。目前的通信网络防护技术有很多，诸如防火墙、身份鉴别、访问控制等都可以用于维护通信网络，以保证各项信息不会被篡改或者丢失。

总的来说，计算技术在社会发展中的积极作用愈加明显。计算机技术在现代通信行业中的应用无疑大大推动了通信技术是发展。计算机技术在现代通信中可以实现计费系统、数据管理系统以及信息管理系统。满足不同行业、不同用户的便捷、高效、准确的通信需求。相信在互联网技术、计算机技术持续发展的时代，计算机通信技术将会为用户带来更加高效的通信技术，为我国通信技术的进步做出贡献。

第十节　办公自动化中的计算机技术应用

随着近年来计算机技术的飞速发展，它为社会各个领域的进步提供了强有力的推动力。办公自动化作为应用最为普遍的一项企业办公方式，为企业实现现代化的管理模式奠定了基础，并在一定程度上提高了企业的经济效益，增强了企业的市场竞争力。本节将从计算机技术在办公自动化领域应用的三个方向讨论，并做具体分析。计算机技术进入 21 世纪以来，发展飞快，从以往简单的系统应用、数据处理，逐渐延伸到了更广泛的领域，其中，计算机硬件以及软件方面都有长足的进步。硬件更加的轻薄化、便捷化、时尚化，软件的种类增多、运行速度加快、功能更加的齐全，因此，在近几年来，计算机技术已经成为社会生产力发展不可或缺一部分。办公自动化的发展方向更加的宽泛，涵盖的内容更加丰富，如今，已经是现代企业中处理日常事务、发展相关业务的必要方式，其不仅体现在平常简单的信息收发上，更重要的是将企业与员工的联系进一步地加深，真正实现了自动化办公。

一、办公自动化简述

（一）办公自动化的定义

经济市场的高速进步下，对办公效率的追求越加明显，办公的自动化，是必然的趋势，通过计算机硬件设施与软件技术的配备，使得企业内部能够形成一个能够满足整个企业之间的办公需求的、高效运行的处理系统，从而让企业内部员工能够依靠系统达成办公的一体化和自动化，处理好办公过程中产生的各种有关问题，提高工作效率和效能。实现办公自动化，简单来说就是依靠科技的帮助，将整个企业各个部门之间进行"联网"将日常工作中的数据进行收集存储分析和处理的，从而达到两者结合，使得人力和企业资源得到最大化的应用。

（二）办公自动化的特点

要实现办公自动化，首先要考虑的就是计算机技术的高效应用。其特点就是高效互联，用科技手段实现企业内部队高效联结的智能办公模式，从而达成办公自动化。因应企业办公的需求，通过配置先进的设备，安装相关的系统软件（信息系统、储存系统、资源共享系统等相关的办公系统及工作软件）。办公自动化是通过计算机技术、网络通信技术的相互配合和应用，形成企业内由点到面的办公系统智能及自动化。办公自动化的最大优势，是人机结合。通过技术将企业内部的信息资源得到安全而可靠的共享和利用，大大增加了共享资源的涵括面，有效地提高了工作效能。

二、计算机技术在办公自动化中的应用价值

（一）扩大办公区域范围，改善办公环境

与传统的企业办公室相比，引入计算机技术进行办公可以使企业发生很大的变化。办公室工作人员可以使用计算机网络彼此进行通信和协作，并形成人机信息系统，实现企业内部办公环境的全面改善。此外，计算机技术应用并不单纯局限于企业内部，由于工作的需求，已经从内部延伸到企业与企业之间、合作伙伴间、行业与行业之间。随着社会的进步和信息技术的发展，越来越多的企业将不可避免地参与计算机技术的应用，通过网络通信系统的应用，为企业的生存和发展带来更多的可能，亦能够更好地让企业向高效的办公自动化管理方向去。可以说，办公自动化的应用亦具备带动性，能使行业在良性环境中形成相互竞争共同发展的局面。

（二）降低管理成本

引进先进的计算机技术，实现自动化办公，一方面可以有效减少业务所需的材料，一方面可以节省办公活动烦琐的流程步骤，另一方面，它还可以降低企业管理成本。在应用计算机技术进行办公自动化管理的过程中，还可以降低办公成本，提高办公效率。例如惠普（中国），使用计算机技术进行办公自动化管理，与过去的办公费用相比，足足减少了三分之一。可见，通过办公自动化能实现人力及企业办公资源的更优化利用，技术的提升能够使得企业内员工的办事效率提高，人员之间通过技术的应用减少不必要的环节，从而实现相同时间内得到更大的产能效益，通过办公自动化有效地实现降低企业管理成本、办公成本的目的。

（三）调动企业个体创造力，促进企业发展

将计算机技术引入办公自动化管理，是实现自身管理规范的标准化，灵活自由化办公协调和流程的交流，进一步将办公人员从枯燥的办公环境和复杂的办公事务中解放出来，动员起来，从而提高企业员工的创造力。引入计算机技术进行办公自动化管理，对办公人员的专业素质提出了严格要求。每个员工都应该贡献自己的创造力来进行自动化管理。否则，只会导致公司陷入市场竞争不利的状态。总的来说，在应用计算机技术实现企业办公自动化管理的过程中，不仅要求办公人员的创造力，还要求普通员工的创造力，促进企业的有序健康发展。

三、办公自动化中的计算机技术应用

（一）为办公自动化提供来自软硬件的全面支持

在企业的综合工作流程中，办公自动化涉及的业务主要与信息有关。此部分工作均要对计算机展开应用，不管是计算机硬件方面的设备，还是计算机软件方面的资源，它是办公自动化不可或缺的一部分。与纸质办公的方式对比，通过计算机设备的配置，处理文本的办公软件或者信息系统的使用，为企业的文件管理带来了质的飞跃。与纸质办公对比，不但时效得到明显的提高，文本的使用和整理保存等都更为便捷清晰，使得企业实现自动化的办公文件管理。办公人员可根据办公室的实际情况调整办公室步骤，并修改文件，可以保留操作时间和历史痕迹。办公室工作人员收到官方文件后，第一步是进入文件管理系统，然后将文件转移到办公室、保存文件。归档完成后，可以通过文档的不同级别进行查询，文档管理系统的相关管理人员可以设置不同用户的查询权限。在此期间，计算机技术的引入可以实现发送和接收文件的自动化，并根据不同的级别和权限共享一系列信息和文件的使用及保存。

（二）引入计算机技术创建信息平台

二十一世纪信息时代，企业加大自身信息宣传、沟通非常必要。在此基础上，许多公司引入先进技术来创建自己独特的信息平台，在平台上随时发布企业方面的各种通知公告和对外信息，如电子公告，电子论坛发帖和电子杂志等，均可大大加强信息的时效性。

（三）引入计算机技术以促进办公流程的自动化

企业当中，无论任何部门，都有其部门工作所特定的办公流程。根据每个部门的不同需求，引入相关的计算机技术，为部门工作提供软件技术的支持，通过办公自动化的实现，让各部门各个人员岗位的工作内容有更加系统的体现，用更多的自动化办公程序代替人工操作，能够使工作时效得到提升，使企业的资源利用率提高，从而提高工作的整体效能。

时至今日，中国企业的办公自动化已经初具规模，但在现今阶段，通过自动化的办公程序代替人工操作，是企业追求产能利益最大化的重要手段，计算机技术的应用为实现办公自动化确实功不可没。而不久的将来，要实现更加智能覆盖面更广的办公自动化，可能不仅局限于依靠计算机技术的应用。

第十一节　工业设计及计算机技术的应用

社会不断发展，计算机技术的改革也在迅速推进，近年来在工业设计中的应用也越来越广泛。究其原因，是因为在工业设计过程中融入计算机技术，对于两者的发展都有着很大的正面影响。故此文中将针对工业设计进行分析讨论，为工业领域的改革提供有利参考。

步入新时期，计算机技术在社会生产生活过程中，都体现出了很大的必要性，已经完全融入了各个领域当中，在工业设计领域当中亦是如此。计算机技术在工业设计过程中的实际应用，保证了工业生产的效率与质量。是效益的保证，但是同时也会带来一定的负面影响，因此只有妥善地处理好两者的关系，才能保证工业设计领域的可持续发展。

一、工业设计中计算机技术发展必要性分析

我国的工业设计领域。在初期阶段因为尚在探索，所以各方面都相对落后，包括工业领域。而随着当今的时代发展，工业领域也有了新的趋势变化，无论是设计环节还是生产环节，都在得到革新，并逐渐向着更加完备的方向发展。加之科技的迅速发展与普及，也促进了我国工业设计的科技化，借助先进的理念与技术的应用，工业设计的质量及效率都能够有大幅度提升，这是有益无害的。我国工业设计的发展，自初期以来，经历了较长久且复杂的发展过程，鉴于以往的技术基础较为薄弱，所以只有更重视对工业设计中新兴技术的应用意义进行充分的分析才能确保后续发展，我国工业设计领域一直是在这样的反思中进步的，如今对于计算机技术的应用亦需要反思。在工业设计领域中计算机设计的技术应用重要性包括以下几点。其一是工业设计环节中融入计算机技术能够有效提升产品的质量与价值，在研发新产品的过程中，在设计环节充分运用计算机技术，甚至可以说是保证新产品设计合理性的关键点。其二是在工业设计中融入计算机技术，能够促使工业设计更符合当前的社会趋势。随着社会的不断发展及大众生活水平的提升，社会对于工业产品设计的要求也越来越高，智能化也成了近年来工业设计的关键词。在这样的情况下，在工业设计过程中，合理运用计算机技术能使工业产品的设计更合乎当前所追求的自动化、智能化趋势。其三是工业设计中计算机技术的融入缩小了我国在技术方面与世界各国的差距，能够体现出近年来我国工业设计领域设计技术的迅猛发展。众所周知，相较于部分国际化的企业来说，国内的工业企业设计在某些方面依然存在许多的不足之处。因此在新趋势下，工业设计必须打破固有认知，充分应用计算机技术优化设计质量，提升设计效率，才能确保国内工业企业在设计方面能有更好的发展。

二、工业设计环节计算机技术的实际应用

（一）网络的工业设计信息系统平台

在现今的社会当中，计算机技术的存在使得工业设计环节更倾向科技化，更具先进性，同时也在很大程度上提升了工业设计的复杂度及多变性，使得设计人员同时面临着机遇及挑战。在这样的情况下，企业便需要及时建立起工业设计相关的信息平台，例如素材平台、专业资料共享平台、专业技术的开发及更新平台及设计流程全程监管的管理平台等等。充

分运用这些平台的特点与优势，能够有效提升工业设计整体效率，确保设计过程中的信息互通，为各大企业提供更可靠的设计服务。但是，与此同时在信息系统的建设过程当中，相关人员并不只是需要单纯地依靠技术去完成平台组件，而是需要根据工业设计各个方面的需求首先进行合理规划，以确保平台建设完成后能够真正在实际设计当中起到明确的促进作用，保证平台建设可行性，才能加以实施。

（二）实体造型

在工业设计过程当中，实体造型是决定着工业设备设施能否正常稳定运行的重要环节，主要目标是预先依照固定的比例模拟出设计目标实物的虚拟或实体模型，虽然在部分情况下，也有一定要利用实体模型进行展示的必要，但在可以不做出实体模型的情况下，运用计算机建模技术所制作的 3D 多角度网络建模才是最好的选择，运用计算机技术去制作建模，不但能够节省实物资源，同时能够使模型具有可修改性及可观测性。工业相关的产品通常包含许多原件，运行原理也十分复杂，因此在实际设计工业产品（如工业设备）的过程中，为确保设计方案的可行性，只有首先应用计算机技术建立模型，作为参考，观察设计方案当中哪一项参数存在问题、哪里的设计不合理或是哪里不符合客户的需求，在造型过程中设计者可以借助对客户需求的不断分析，并且去进一步完善模型，可见在运用计算机技术建立起模型之后，设计人员能够从更多角度去观察模型情况，在技术不断改革的情况下，后续甚至有望设置不同的情境，观察工业产品及设施整体及各部分系统在不同的环境之下会受到怎样的影响，确保模型的精准度更高。首先绘制好产品的设计图，录入建模系统当中，并且运用建模技术来进行模型的组件，这样能让设计更完善，并且能够让客户更早看到整体设计雏形，提出意见让设计人员进行修改，进而满足用户需求，这样的模型，其表现方式是更加直观的。

（三）形式设计

形式设计过程中，设计目标的色彩渲染，对于产品来说是十分重要的。对于设计目标的色彩评价，需要根据实际着重进行规划与修正，强化稳定感，突出产品设计特色。在实际判别的过程中，便需要借助计算机技术，通过精准的判定去得出渲染相关数据，可见将计算机技术运用于形式设计中能够更好的反映出形式设计相关的要求及设计重点。

（四）满足工业生产制造需求

相较于以往，社会对于工业产品的要求已经有了进一步的变化。在当前的市场环境下，工业相关企业都已经意识到了工业产品整体质量的重要性，所以如果在设计过程中知识单纯注重工业产品的外观，显然最终设计出的方案即便外表如何，如果内部的原件与整体机能不符合设计需求显然必然是无法通过的。既然是工业产品，最主要的用途是在工业生产制造的过程中，并不是面子工程，影响十极其重大的，以设备设计为例，一个工厂中，一旦设备的设计存在问题，都可能导致整体停工，所以在设计过程中，设计人员显然就要以性能为重，特别是对自动化、智能化的精密系统，更要细致规划、精化系统，简化操作。让工业产品更符合操作人的使用要求，让设计去适应人的需求，而不是让人去适应设计需求，这样一来最终设计出的产品才是最为符合工业生产制造需求的，也只有这样的设计，才能够在工业领域受到认可与欢迎。

工业设计作为在工业领域当中决定着产品质量的核心环节，作为后续实际生产制造的重要依据，在工业领域的发展历程中必然是不可或缺的。自我国工业市场开始发展至今，相关的企业与研究人员都在不懈努力，持续推动产业发展，也正因如此，当前的工业设计才有了进一步发展。但时代的脚步是从不停滞的，因此工业设计领域也要了解到这一事实，更积极的应用新兴的计算机技术去改革工业设计环节，才能确保我国工业领域的整体实力更好地体现出来。

第十二节　"互联网＋"背景下计算机技术的应用

"互联网＋"是时下的热词，是基于计算机发展而产生的，所谓的"互联网＋"指在这个社会发展的新时代下，由于创新所产生的新的互联网业态。"互联网＋"与企业发展的高效连接与配合，是一种内在的融合，将互联网的核心技术与各行各业的中心领域进行融合，从而实现其功能、领域的拓宽，使其不再局限于最初的一个领域，从而实现迅速地发展。"互联网＋"依托于大数据处理，将云技术作为其运行的支撑，从而实现数据的快速运转，有效地推动经济的快速发展。

一、"互联网＋"时代下计算机技术发展的变化分析

（一）发展速度突飞猛进

以速度快这个词来形容这个时代计算机技术的发展已经无法表述其快的速度，似乎迅猛、突飞猛进这些词更为贴切。在"互联网＋"时代下，计算机技术的迅猛发展推动其软件技术水平和硬件设备都得到了大跨越的发展，这些创新为客户使用带来优质的、全新的、良好的体验，创新速度让人大为惊异。在以用户体验为发展方向的计算机科学技术，其未来的发展将朝着更为多样化的发展途径迈进，用户群的多样化将逐步推动创新，用户体验也将继续不断优化计算机技术。不仅市场主导下计算机技术不断地发展，政府也在积极推进计算机技术的创新和发展，投入了大量的资金用于技术科研等领域，这些都有力地推动了我国计算机技术的进步。

（二）计算机运行功能不断强大

从大型处理器向微型处理器的发展，是计算机运行功能不断强大的重要表现，在科学

技术的推动下，当前计算机的硬件设备已经实现了巨大的进步，微型处理器芯片是当前计算机广泛应用的芯片，其不仅有效节省了计算机内部空间，减小了计算机的体型，还有效提升了计算机的运行速度。在计算机技术的推动下，在工业制造技术的发展下，计算机的硬件设施将朝着体积更小、运行更强的方向不断发展。

（三）使用功能更实用

计算机技术在创新发展的带领下不断取得新的发展和进步，其不仅自身功能逐渐强大，更为其他行业和领域的发展带来了强大的动力支持。例如，电子商务的发展就得益于计算机技术的配合与支持，有了计算机技术，电子商务各个环节联系更加紧密，供应链更加衔接、仓储更加高效，可以说对电子商务的快速发展提供了科技支持。

（四）防范风险能力更强

企业要发展就不能避免风险的产生，尤其是经营和决策方面风险发生的频率和预防的成本都不容忽视，一旦风险出现将会降低企业的盈利能力，甚至会给企业带来破产的危险。"互联网＋"时代下，企业通过对计算机科学技术的应用，实现对企业管理的系统化，根据企业的经营和发展情况做出更为合理地判断，利用系统能够实现对企业发展情况的动态评估和分析研究，从而更好地分析判断企业后续的发展过程中容易遇到的风险，做出相应的预防，实现企业对奉献的有效管控。未来，依托于计算机技术的发展，"互联网＋"背景下计算机技术在防范风险方面的能力将得到进一步的提升。

二、"互联网＋"背景下计算机技术的具体应用

（一）计算机多媒体技术应用

"互联网＋"背景下的多媒体技术更加高效和便捷，加快了新媒体时代的发展，它的优势在于传输方式更加便捷、传输内容范围更加广泛，因此新媒体具有传统媒体的基本特点，但是又有其创新之处。此外，它借助互联网将计算机技术进行革新，实现了信息传递方式的多元化。从图像到声音、由声音到视频这种信息传递模式就是新媒体所实现的功能，这不仅为现代信息的宣传方式进行了有效地拓展，还实现了信息的共享，为互联网用户提供了一个良好的用户体验，为人们日常生活和发展提供了更为直观地商品和服务，拓宽了服务的形式和购买的途径。而且，多媒体技术的应用给企业的运行方式、决策依据等提供了更加准确和便捷的途径，为企业的现代化运营提供了良好的平台，在改变销售者经营方式的同时，也对居民的生活方式、消费习惯等产生了巨大的变革，推动了社会消费形式的转变。

此外，多媒体技术的应用，推动了企业办公形式的变革，以往会议的召开需要先撰写新闻稿再进行演讲，新媒体技术的应用，使得企业在召开会议时可以借助于计算机以图文

并茂的形式展示会议内容，加快了信息传递的效率，让企业员工可以通过新媒体的方式尽快了解会议内容，从而提高会议效率和员工接受程度。可以说，计算机多媒体技术已经在各行各业中被广泛地应用起来了，并有效提升了运行的效率，丰富了形式。

（二）计算机云存储技术的应用

云存储技术的发展是"互联网+"背景下计算机发展的又一重大变革，是一项技术性的突破，推动了现代技术的高效、快速发展。互联网所搭建起来的信息共享平台实现了信息的高效传递，但这种传递需要依托于一定的存储介质，如果仅仅依靠计算机主机的存储，那信息的传递需要进行信息的上传、用户的下载，这种操作程序将会花费大量的时间，降低对信息获取的效率。面对互联网快速发展对信息传输速度的要求，云存储技术应运而生，作为一项新兴技术发展模式，云存储具有良好的传输性能，不仅实现效率最大化，也实现了信息最大化，有效地满足了当前用户对快速查阅信息、分享信息的需求。当前，云存储借助于互联网和计算机技术，创新地实现了网络云存储功能，借助于各个主机之间的相互连接和流程打造，对以往信息存储模式和共享模式进行了优化升级，通过改进实现了大容量、快速存储。当前，很多网络公司推出了网络云盘，例如百度云盘，其通过对网络服务器主机的共享，为用户提供直接存储数据的空间，将数据信息存储在网络云盘中，同时可以对这些数据进行共享，从而满足用户对存储空间的需求。

三、"互联网+"背景下计算机技术发展探索

（一）朝着智能化的方向发展

智能化时代和互联网时代的共同孕育为计算机技术的发展提供了良好的契机。当前经济社会迅猛发展，人民生活水平不断提升，人工智能逐渐被开发，应用于我们日常生活的各个角落。当前，人工智能已经走在了计算机技术发展的前端，在"互联网+"背景下，智能化已经取得了显著的成绩，为我们的生活带来了巨大的变化。智能化作为社会发展的趋势，其给我们社会生活带来了很多便利，其被广泛地应用在无线通信技术中。当前教育、医疗、公共事业等在发展过程中都在积极地引进人工智能，以期提升教育医疗水，不断完善公共技术设施。未来，"互联网+"背景下计算技术仍将继续朝着智能化的方向发展，不断满足人们的需求，提升社会整体智能化水平。

（二）朝着多功能方向发展

"多功能化"是当前社会发展的一个趋势，也是"互联网+"时代中计算机科学技术发展的趋势。对于传统计算机的挑战和颠覆可以追溯到 2016 年，一台极光电脑的问世意味着计算机技术开始了迅猛发展阶段，展现了全新的功能技术，它不仅能够像传统电脑一样处理数据，还具备多媒体电子设备的功能，实现了投影功能和电视功能等。当前，人们

在选用电子产品时都在朝着轻巧便利的方向选择。多功能化，将电子计算机朝着一机多用的方向发展，将有效地提升人们对产品的使用效率，丰富产品功能成为当前"互联网＋"时代计算机发展的趋势。

"互联网＋"时代的到来，不仅给企业发展带来了契机，更加有利于计算机技术的进一步发展，对于"互联网＋"时代要予以正确的看待，利用其优势积极推动计算机科学技术的发展，助力新时代中国的进步，推动教育、医疗、军事等各个行业都朝着信息化的方向发展，实现科学技术对我国各行各业的推动作用。

第十三节　数字视频监控系统中计算机技术应用

视频监控技术作为我国科技时代的一种新型技术也在不断的应用到各个领域当中，并且在每一个领域中都发挥着至关重要的作用。随着该技术的不断应用，也在极大程度上促进了我国经济的发展。但是随着我国对于视频监控的需求量不断增加，因此传统的人工监控已经不能适应社会的发展需求，因此将智能化技术引入到视频监控中便具有了重要的意义。如今随着计算机技术的飞速进步，很多领域到开始引入计算机技术加以应用，数字监控领域也不例外，随着计算机技术的加入拓宽了其应用的范围，功能越来越强大。在数字监控系统运行的时候需要通过计算机技术开展全局的控制，进而保证其发挥其有意的功能。本节在分析数字监控系统发展现状的条件下，分析计算机技术在预警系统内部的深度应用，寄希望于对数字监控系统的发展有所帮助。

随着视频监控的应用愈加广泛，由于所呈现的图像信息种类多且较为复杂，进而为监控管理员的工作带来一定的影响。随着信息时代的不断到来，对于视频监控技术的要求也就变得严格，因此在视频监控中引入智能化技术就变得至关重要，可以在一定程度上提高了信息采集的力度，并且能对所采集的信息进行有效的分析，从而更好地为用户提供有效的信息。如今随着计算机技术与数字技术的飞速发展，很多领域都应用到了数字监控技术，人们对于数字系统应用的研究也在不断地加深。随着数字监控系统的越来越复杂，功能的扩展需要应用计算机技术加以控制，为此本节将论述数字监控系统中计算机技术应用。

一、视频图像的概念

视频图像是一种将客观对象进行客观以及相似的描述，同时作为一种信息载体在人类社会活动中的应用也较为广泛。图像可以分为图和像两部分，首先对于图来说，其主要就是物体的投射光以及反射光的分布，这是实际存在的。而像便是通过人们的视觉系统进而将视觉信息进行综合以及统计，从而形成一定的印象以及认识，这是通过人们的感觉所形成的。因此将二者进行充分有效的结合，便形成了图像。在进行图像处理的过程中，若单独将图像看作二维或三维中光色差变化的分布，这样便是十分片面的。根据图像的记录方式可以将其分为模拟图像和数字图像两种。对于模拟图像来说，其主要是根据光或电等物理量的强弱变化，进而将图像的亮度信息进行充分的记录。对于数字图像来说，其主要是通过利用像素组成相应的二维矩阵，同时数字图像也在实际中应用的较为广泛。

二、数字监控系统的发展现状

视频监控系统发展的时间不长，但是发展速度极为快速。第一代的监控系统基于摄像机、线缆与监视器等几个模块。模拟 CCTV 具有一定的局限性，监控能力有限只能开展本地的监控，受到模拟视频以及传输线缆长度的限制。

第二代的视频监控为模拟 - 数字监控系统，采用的为一半数字与一半模拟的方案，信息传输仍旧采用线缆，通过 DVR 支持录像与回访。其存在的不足为，"模拟 - 数字"方案仍旧需要每个摄像机安装单独的线缆，导致布线较为复杂。同时因为录像没有保护，容易丢失。

第三代的全数字监控系统，以数字视频的压缩、传输与储存、播放为核心，同报警系统、门禁系统等完美的结合。其是基于 TCP/IP 网络协议，将监控模式拓展为分散与集中的模式，无限的拓展了监控的范围。在硬件层面应用 A/D、D/A 转换视频服务器，或内置网络摄像机将图像的处理放在监控点，通过无处不在的互联网，得到全范围的即插即用，因为为真正意义上的全数字监控系统。

三、基于计算机技术的数字监控系统构想

（一）总体发展分析

如今的智能化数字视频监控系统可以实现网络化综合管理的目的，利用搭建的监控网络不仅仅具有模拟系统的全部功能，比如本地录像、本地回传播放等，还可以在无人值守的情况下，对于敏感区域进行实时的监控。在出现疫情的情况后，可以通过电话、局域网以及 Web 网页等向远端的电话、手机以及电脑等发送报警的信息。因为监控点以及控制中心采用的为网络的连接模式，可以开展多点的控制实时视频点播等功能。

（二）系统的基本结构与功能分析

网络化的数字视频监控系统一般是基于 Windows 或者是 Linux 平台，一般含有的结构为：数字视频硬盘录像、数字视频控制以及数字视频服务器等三个模块。

对于数字视频硬盘录像，将摄像头获得现场实际情况经过光缆传递到视频服务器，经过视频服务器模块的压缩编码处理之后转变为数字视频信号，最后储存到硬盘的录像机内部。含有的功能为硬盘录像机的回显、录制以及查询等相关操作。

其二为数字视频的控制模块，其含有的功能为通过多种传输媒体，比如可以通过电话

线、ATM 以及 ISDN 等同远程的监控服务器搭建起通信连接。随着计算机技术的应有，在设备图表控制模块，用户只需要在地图上敲击相关的设备图标，就可以实现对于相关设备的调用与控制。如调节摄像机的图像、打开或关闭控制门、灯光的控制以及电话拨号控制等。还可以同声音、热敏以及烟敏等传感器配合成较为复杂的保安防范系统。网络化的多媒体视频监控系统内、图标的状态显示以及对话框的信息提示等模式，可以为用户提供多种的报警处理方法，使得用户可以随时的触发报警器，实现对于报警信息的处理。

系统内部含存在较为强大的报警联动处理能力，进而实现以报警响应为核心的集中式联动控制图像的切换以及其他设备的加入应用。在发生报警事件的时候，网络化的多媒体视频监控系统会依据报警的级别以及自身的处理权限等，分层次的在网络上显示处理的提示信息，帮助人们做出科学的决断。

（三）数字式视频服务器的应用

数字式视频服务器是通过企业级的 Internet 作为基础网络平台，实现对于本地或者是远程的监控站点数字传输，数字式视频服务器可以设计的结构如下所示：在远端的受监控场地，具有若干个摄像机、相关的检测设备以及报警探头、数字传输设备等，通过自身具有的传输线路，将信息汇聚到多媒体的监控终端上，多媒体监控终端可以为一台 PC 机，也可以为专用的工业机箱构成的多媒体监控设备。除了含有处理信息以及完成本地所要求的相关功能外，系统通过视频压缩卡与通信接口卡，利用通信网络将这些信息传递到一个或多个客户的终端。尤其是这个功能，为数字视频服务器需要重点解决的难题。

四、视频监控智能识别的关键技术研究

（一）数字视频压缩技术

随着视频监控的不断应用，将智能化技术应用到视频监控当中便具有了重要的意义，因此视频监控智能识别的技术也在极大程度上引起了国家和社会的高度重视，针对智能识别视频监控系统来说，首先应用的技术便是数字视频压缩技术。众所周知，传统的数字视频内部所包含的数据量十分巨大，因此数字视频压缩技术的开展便具有了一定的意义。根据相应的压缩标准，进行技术的开展，从而不断提高网络视频监控的效率。

（二）数字视频网络传输技术

网络传输技术的应用与开展对于局域网以及广域网有着严格的要求，要求将其内部的可靠性传输、数据包定序以及低延迟传输等问题进行更好的解决。同时，为了更好地提高网络传输效率还要将 IP 组播技术以及 QOS 控制技术合理的应用其中，在降低网络传输压力的同时，为网络传输效率提供了保障。同时视频监控的质量也与视频传输的质量有着直接的关系，换句话来说，只有不断提高网络传输质量，才能为视频监控的质量提供保障。

同时通过数字视频压缩技术进行数据压缩之后，仍然存在一定量的数据信息，并且数据传输的宽带也十分有限，因此网络编程技术以及 IP 组播技术等便成了数字视频网络传输中的关键性技术。最后在网络传输技术的应用过程中，对于网络传输协议的要求也就越来越严格，因此只有选择合适的网络传输协议，才能为数字视频的传输的质量提供了有效性的保障。

（三）视频存储和检索技术

视频存储和检索技术也是智能识别监控系统中的一个关键性技术。对于视频监控系统来说，其中的一个重要特点便是存储大量的视频记录，通过这些视频记录的存储与保留，进而方便工作人员的日后查看以及使用。同时，在视频数据存储的过程中，若仅仅依靠手动检索与查询，那将是十分困难的。因此便需要通过计算机技术，将检所查询的策略更好的实现，从而为用户呈现出完成的视频数据。传统视频存储都是通过小数据交叉进而不断对数据交易量的实现，其中每秒输入或者输出的数据量是其中的关键。然而对于这种存储模式来说，虽然可以实现视频存储的效果，但是会对视频数据的高效传输带来影响。其次传输流量、访问速度以及成本等都是视频存储服务器中重要的性能，也应值得不断考虑与研究。现如今对于视频数据的存储方式主要是文件存储系统以及数据库存储系统两种，其中文件存储系统的应用较为广泛。

（四）监控场景运动检测技术

根据视频监控的场景不同，可以看出视频监控的焦点便是场景中的各种异常行为的出现与发生。这些行为的表现模式多数是以运动形式所呈现出来。因此监控场景的运动检测技术便是将场景中运动的行为利用计算机进行自动的监测，通过检测可以及时的产生相应的检测报告，对于一些危险的监控信息进行及时的报警，进而不断提高视频监控系统的工作效率。对于监控场景的运动检测技术的方法来说主要包括以下背景减除法、帧差法以及光流法等。

（五）监控场景物体识别与跟踪技术

物体识别与跟踪技术是现阶段智能监控系统中的重要技术，主要是通过人工智能技术，进而将视频监控中的影像进行自动捕捉、识别以及追踪等功能，同时也能对监控视频中的人进行自动识别，并对其进行锁定以及跟踪，从而在很多领域中发挥着重要的作用。对于视频跟踪技术的方法来说主要有点跟踪、核跟踪以及轮廓跟踪等。其中点跟踪将所跟踪的对象用点表示出来，常用的数学模型有卡尔曼滤波和粒子滤。其次，核跟踪便是将跟踪的对象用一个几何区域所表示出来，跟踪常通过计算对象的运动进行。最后，轮廓跟踪为跟踪对象提供了精确的形状描述。这种方法可分为形状匹配和轮廓进化。

五、数字视频监控报警系统的功能设计

随着计算机科学技术的应用和发展，与网络技术相结合的数字视频监控报警系统成了很多监控系统的必备功能模块。这一报警系统主要以计算机主机利用通信接口和前端的视频监控设备相结合，在接收视频音频监控的数据功能时对异常数据进行报警处理。计算机科学技术的应用大幅地提升了系统的可靠性，也降低了系统结构的复杂性。同时利用信息网络技术和计算机科学技术可以更为有效地提升整个数字视频监控的报警功能，同时也大大提升了数字视频监控系统的推广应用。一般计算机视频监控系统分为前端、通信端口、数据采集设计几部分，通信设备主要是数字视频信号的传输设备，通过数字信息网络把前端摄像机采集的视频信号传送给监控系统主机，进而可以采集得到报警的信号。

数字监控系统的结构较为复杂，涉及很多的高新技术综合，随着计算机技术的发展，可以为数字监控系统提供较为强有力的支撑，因此，为适应数字化的视频监控系统，视频信号的数字化是必然的趋势。

第十四节　机械设计制造及自动化中计算机技术的应用

制造业在我国国民经济中拥有不可替换的重要作用，其中机械设计制造及其自动化作为制造业发展的主要原动力支撑着其他领域的长远发展，因此于处在发展状态的中国而言，机械设计制造及其自动化扮演着十分重要的角色。同时随着科学技术在各行各业的不断渗透，计算机技术应用于机械设计制造及其自动化中可以提高制造业的生产效率和质量，在一定程度上提升工业生产的精密度，同时还可降低产品生产的经济成本，因此研究计算机技术在机械设计制造及其自动化上的具体应用具有非凡意义。

一、机械设计制造及其自动化概述

传统意义上我们所认为的机械设计制造及其自动化是指利用机械代替手工，从而完成一些重复性的、毫无技术含量的任务或者工作。然后科学技术的不断发展赋予了自动化的新的定义，自动化不再仅停留在单一重复的机械动作，而是各种机械装备及机电产品从设计、制造、运行控制到生产过程的整体控制。自动化需要根据既定的相关程序，精确完成指定的任务，仿佛家庭医生般，在系统出现问题时即刻进行自我诊断和自我维护。换而言之，自动化一定程度上拥有自主思考的大脑，整体的操作过程符合智能化的大趋势。

机械设计制造行业领域内的自动化技术应用，可追溯到二十世纪六十年代。在当时计算机技术发展迅速，而机械制造业作为世界经济发展的核心支柱还处在高度依赖人工的状态，于是科学家们开始思考是否能将计算机技术应用于机械制造方面，是否能利用计算机

程序语言代替人工进行重复的操作。专业人工通过不断的探究和摸索，不断进行尝试终于使计算机和机械控制成功结合。科研人员半个多世纪的不断完善之后，才出现了如今广为推崇的机械设计制造及其自动化的概念。机械设计制造及其自动化这一学科的发展过程经历了从无到有、从简单到复杂，而其在社会生产活动中的作用也越来越重要，也被越来越多非专业人士认可。

二、计算机技术在机械设计制造及其自动化中的主要应用

（一）计算机辅助技术的应用

机械设计制造及其自动化过程本身复杂性较大，随着科学技术的不断发展以及计算机在各个行业领域的逐步渗透，将计算机辅助技术应用于机械设计制造及其自动化中是一种必然的发展趋势，同时该技术的应用也将推动工业的进一步发展。计算机辅助技术是计算机基础功能的一种，将其应用于机械设计制造及其自动化方面能有效提高机械产品功能设计，从而借助产品性能优势促使企业获得更多经济效益。

具体表现在以下几个方面：首先，通过应用计算机辅助技术，企业可逐渐对机械设备的类型和结构进行更为科学系统的分析，为产品的质量提供高保障，最终替代传统的人工分析。其次，现有图纸的设计清晰性通常难以保证，而计算机辅助技术能实现对图纸的合理设计，能尽可能确保设计图纸的清晰性。高清晰度的设计图纸才能提高机械设计制造的准确性，有效降低人工设计中的错误率。最后，传统的机械设计将经历多轮图纸修改，而计算机辅助技术可提高后期编辑和修改的精确度，避免所制图纸出现重新返工的情况，从而为顺利制造机械产品提供高精准度的参考依据。

（二）计算机数控机床技术的应用

机械设计制造及其自动化生产过程中应用计算机数控机床技术可促进机械制造自动化生产目标的实现，主要体现在机械产品的生产、加工过程中，计算机数控机床技术可发挥对整个生产程序的编制作用，从而实现对零部件的精准加工处理。

机械设计制造及其自动化中可运用诸多计算机技术，其中计算机数控机床技术就是一项被广泛运用且易被发现的项目。显然，我国数控技术水平随着科学技术的发展迈向新台阶，将计算机语言技术与数控编程相联系也成为学科交叉融合的必然发展趋势。因此，在机械设计制造方面计算机数控机床技术的应用逐渐普遍化，同时数控机床技术也将成为机械设计制造及其自动化实践中重点研究的方向。

（三）计算机仿真技术的应用

计算机仿真技术实现的前提条件是虚拟技术与可视技术的建立，此项技术使用计算机构建数学模型，从而通过数学模型展现的真实反应机械制造产品的应用状况。众所周知，

计算机中数学模型的使用使得模型的修改和重新编辑变得简单而快捷。与此同时，机械设计制造及其自动化中应用计算机仿真技术可充分实现现实与虚拟技术的结合，不断调整修改进行的模拟仿真实验，能够为机械产品的质量提供保障。部分机械产品的设计和制造程序中都需投入较高的成本，设计方案在投入生产后难以修改、生产操作技术难度高且复杂性大，若在投入生产后发现设计问题意味着前期投入被浪费。而仿真技术的应用则可以简化这一过程，减少设计问题导致的损失，在前期对机械的运作状态进行监督，保证机械设计的合理性和实用性。

（四）计算机 3D 技术的应用

计算机 3D 技术在机械设计制造中的应用可让机械产品的设计和生产更加完美，在设计之初就采用 3D 技术对产品的外形进行三维模拟，可使设计人员更为直观地发现设计本身存在的问题，从而对产品设计方案进行进一步完善。而当产品生产完成后，可利用 3D 技术对产品的外观、物理性能，如颜色、荷载能力等进行细节分析，进一步提高产品整体质量，最大限度增强机械产品的实用性。在过去的机械产品设计制造过程中，通常使用诸多物理或化学实验验证产品质量。而 3D 技术出现后，不仅可减少产品检测的成本投入，还能极大提高企业产品生产的质量和效率。

三、计算机技术的应用意义

我国有诸多计算机技术应用于机械设计制造及其自动化体系中，这不但可全面满足行业发展需求，而且可促进我国经济的科技化发展。计算机技术使得机械设计制造采用特定的指令开展工作，通常而言这些指令在生产发生前就已经预先输入，因此可以说实现了机械的自动化和智能化。此外，计算机技术的应用还可从根本上尽可能减少或者避免错误的人工操作带来的安全问题甚至是安全事故，极大程度解决了困扰工作人员已久的机械生产安全性问题，提高了产品质量和生产效率。

（一）实现全方位的控制和管理

在机械设计制造过程中，很多设备组装结构都较为复杂，一般具有难度大、零部件多、过程烦琐等特点。而计算机辅助技术的使用不仅可切实完成其中一些大型、复杂度高的设备的设计与研究，还可在实际投入使用过程中发挥指导作用，实现计算机自动化全方位控制和管理。现今的计算机辅助技术通常都贯穿机械的设计制造全程，在操作伊始就扮演着引领者的角色，全方位控制机械的设计制造的整个流程，除了提供基础的辅助服务还监督操作流程，在发现问题时及时提出警示，并进行自我的诊断和修复。

（二）提高产品实用性

于消费者而言，机械产品的实用性是其选择是否购买的主要衡量指标。而可视技术作为计算机应用技术中较为广泛运用的一种，频繁应用于机械产品的设计与制造过程中，其实用价值也在实践中逐渐展现。例如技术操作人员在开展设计工作时能够利用可视技术将机械相关信息转化为便于设计者接受和理解的数据资料，在设计过程中，可对相关机械进行实时控制，若产品的性能匹配出现问题可在第一时间发现并进行调整完善。综上所述，计算机可视技术在机械设计制造及其自动化中的应用不仅可以提高产品设计水平，还能有效控制误差的产生，从而提高产品的实用性。

（三）提高设计工作效率

可视技术的应用还可进一步节省生产时间，提高设计工作的效率，而效率对于机械设计制造企业而言十分重要。一般而言，机械的设计工作庞杂且需要不断进行修改完善，而可视技术可让设计人员及时发现其设计存在的问题，在问题出现时理科进行改正。此外，计算机可视技术随着科学技术水平的不断提升而愈发完善，机械设计制造及其自动化中计算机可视技术的实用性也不断提高。例如通过读取实际零部件结构获取与机械产品相关的设计和性能信息。

（四）保证设计可行性

机械设计制造的产品通常庞大且需要耗费的资本巨大，若在制作完成后才发现设计方面问题显然会导致巨额损失。虚拟技术作为计算机技术中心一种对实际情景的模拟体验技术，亦即通过对机械设计制造场景的综合模拟，再由设计人员将相关理念和参数融入其中，从而对机械产品的相关设想加以验证的一种技术。此项技术能够实现人与机械的"交流"，节约实验设计的时间，在设计出现不合理之处时进行提醒，从而保证设计的可行性。

（五）提升产品性能

计算机仿真技术通过对机械产品的功能进行相对应的模拟和优化，选择一定的参数范围进行特定参数状态下的产品模型模拟，然后将相关指标参数作为标准深入分析，从而进一步提升机械产品的性能。一旦产品的性能在多轮仿真技术优化后仍能被认可，那么其投入市场后消费者的接受程度肯定会显著提高。此外，该项技术还应用于机械设计制造的自动化系统研究中，为控制和运行机械产品提供了技术支持。

机械制造业作为我国经济的支柱产业之一，将很大程度影响国家的经济情况。随着科学技术的发展，计算机技术逐渐渗透到各个行业时形势所驱，计算机技术在机械设计制造及其自动化上的应用显然将极大改善我国未来经济发展情况，使企业的发展逐渐迈向更高水平。现有的机械自动化中，机械设计成本高、难度大、后期设计修改等都存在难以用非计算机技术的方法加以解决。在这种现实背景下，我们必须紧跟时代步伐，在发展机械设计制造及其自动化的同时努力与计算机技术相结合，不断完善产品的设计和制造工艺，使得所生产的机械设备功能更为多元，机械自动化的应用愈发广泛。

第十五节 冶金自动化控制中计算机技术的应用

随着我国科学技术不断发展，自动化控制技术作为计算机技术下的衍生品，能够有效提高工业生产水平、降低生产成本，是我国工业生产行业发展的必然趋势。基于此，本节在分析冶金自动化控制对计算机技术应用现状的基础上，进一步探究了如何提高冶金自动化控制中计算机技术的有效应用，希望可以为提高我国冶金自动化控制水平提供一定的借鉴。

随着经济的发展和社会的进步，冶金自动化控制应运而生。早在20世纪六十年代，冶金系统中已经出现了自动化发展的趋势。到了八十年代的时候，PLC、DCS等现代控制系统为我国冶金工业自动化发展提供了重要的技术上的支持。而到了二十一世纪，随着计算机技术的飞速发展，其在冶金工业中发挥的作用也越来越突出。本节在分析当前冶金自动化控制对计算机技术应用现状分析的基础上，进一步探究了冶金自动化控制中计算机技术有效应用的策略，希望可以为我国冶金工业的自动化发展奠定坚实的基础。

一、当前冶金自动化控制对计算机技术应用现状的分析

我们知道，20世纪六十年代之后，我国冶金系统发展中已经开始注重其自动化的发展了。同时，近年来，随着计算机技术的发展，计算机在冶金系统中应用的领域和范围也越来越宽广。但是，我们也必须要认识到，计算机技术在冶金自动化应用过程中还存在一定的不足，制约着冶金自动化的发展。

自从我国出现冶金工业之后，相关从业者一直都在探索提高冶金自动化的水平。这主要是因为我国的矿产资源比较丰富，如果冶金自动化的水准可以大幅度提高的话，冶金的效率也必然会大大增加。同时，随着计算机技术的发展，其在冶金自动化中发挥的作用也得到更多人的认可和重视。而且，伴随着计算机技术的不断发展，其在冶金系统中发挥的领域也越来越宽广，而且还突出表现在新内容上。此外，当计算机技术对冶金自动化发展起到促进作用的时候，反过来又会促进计算机技术的发展也开发。所以说，计算机技术的发展与冶金自动化的发展是相互裨益的。

但是，我们也必须要承认，与西方发达国家相比，我国计算机技术的发展水平还不是那么先进，这种情形在很大程度上就会制约我国冶金自动化的发展水平。另外，我们还必须要承认的是，我国计算机技术的覆盖范围还不是那么全面，而矿场资源所在的区域相对比较偏僻，因而计算机技术的发展水平和应用程度也不是那么高。

二、探究冶金自动化控制中计算机技术有效应用的策略

在了解了冶金自动化控制中计算机技术应用发展现状的基础上，尤其是其在应用过程中存在的不足之后，我们就可以意识到，提高计算机技术在冶金自动化控制中的有效性具有十分重要的现实意义。而这也是本节接下来将要继续研究的内容。

第一，计算机技术在冶金过程控制系统的应用。通过分析当前计算机技术在冶金自动化控制的应用现状，我们可以认识到，计算机技术在冶金过程控制系统中的应用范围十分广泛。其中，工业以太网是整个冶金自动化控制系统中非常关键的部分，其对于冶金企业中的每一个步骤都起到了数据支撑作用。但是，想要进一步提高计算机技术在冶金自动化控制的有效应用的话，就必须要不断增强计算机技术处理在冶金过程控制系统中产生大数据的能力，以此来更快速、便捷地反映到冶金自动化的各个流程中去。

第二，计算机技术在冶金企业信息管理系统中的应用。众所周知，现在计算机技术在生产、生活各个领域中都发挥着不可忽视的作用。而计算机技术在冶金企业信息管理系统中也有着突出的价值。这主要是因为冶金企业中除了包括铁矿的采购、烧结、炼铁、炼钢、连铸、连轧之外，还包括冶金中供水供电等各个步骤，这些工序之间的有序运转是需要良好的信息管理的。现在冶金自动化控制中常用的信息管理系统是 MIS，其借助系统化的管理思想对冶金自动化起到了重要的调度作用。为了提高计算机技术在冶金企业信息管理系统中的应用水平，我们不仅仅需要提高计算机的运转速度，更重要的是要提高计算机收集、处理、分析纷繁复杂的信息的能力，如我们可以开发一些冶金自动化控制的相关计算机软件，以此来为冶金企业做出正确的决策提供帮助。

第三，计算机技术在冶金工业局域网络领域中的应用。随着计算机技术在冶金自动化控制中发挥的作用越来越突出，尤其是其在冶金工业中应用的范围越来越宽广，冶金工业对于局域网络技术的发展水平也就有了更高的要求。所以，想要进一步提高计算机技术在冶金自动化控制系统中的应用水平的话，我们就有必要发展局域网络技术，以此来为冶金工业的自动化发展构建更为通畅的信息沟通桥梁，为冶金自动化的优化提供技术上的支持。

第四，计算机技术在冶金人工智能领域中的应用。当计算机技术在冶金自动化控制中发挥的作用越来越凸显的时候，冶金企业为了进一步提高企业的生产效率，就必须要不断优化其自动化的发展水平。而且，近些年来，人工智能在我国冶金企业中的应用频率也越来越高。但是无论人工智能系统如何便利，其归根结底还是依赖于计算机技术的发展水平。所以，我们想要增加人工智能系统在冶金自动化控制中的应用水平的话，就有必要增强计算机的计算能力、数据分析能力和分析总结能力，以此来借助人工智能系统实现对整个冶金自动化控制系统的完美控制，提高冶金自动化的发展质量。

本节在分析当前冶金自动化控制对计算机技术应用现状的的基础上，尤其是指出了计算机技术在冶金自动化控制应用中的不足，并进一步探究了提高冶金自动化控制中计算机

技术有效应用的策略，希望可以为提高计算机技术在冶金自动化控制中的有效应用提供一定的借鉴。

第十六节　电视节目后期制作中计算机技术应用

电视节目的后期制作是整个电视节目质量的关键点，要想提高电视节目的质量，也就必须要加强电视台在后期制作的技术水平。现如今，在电视节目的制作中，通常可以分为前期与后期两个主要部分，前期拍摄为后期制作提供节目素质，在电视台中播出的电视节目都是经过后期制作后的视频节目，因此后期制作直接关系着整个电视节目的质量效果。本节就以电视节目后期制作中计算机技术应用进行研究分析，加强电视节目对后期制作的重视。

随着社会时代的发展，人们的生活水平逐渐提高，人们对一些类似电视节目的娱乐节目等的质量要求也越来越高。因此为了提高电视节目效果与质量，不仅需要节目策划提供新颖的题材进行拍摄等，还需要加强对节目后期的制作水平。加上计算机信息技术近年来的飞速发展进步，出现了各种新的后期制作技术，电视台更应当在现如今计算机技术应用的支持下，合理应用计算机技术应用从而对后期制作技术水平进行提升，提高电视节目整体质量。

一、电视节目后期制作与编辑的特点

现如今电视台对电视节目的制作技术已经得到不断地完善，在节目制作技术中线性与非线性编辑技术也趋于成熟。同时，也正是因为对于节目制作技术的完善，现目前在电视台对电视节目进行相应的后期制作与编辑时，对于节目制作的基本需求也能够得到足够的满足。通过采用后期制作与相应的编辑技术，能够对节目前期拍摄的音视频原素材进行相应的组接、配音、添加音效、后期特效等节目效果需求，并且合理的利用编辑技术能够在电视节目的制作中，提升节目制作的工作效率，对电视节目的整体质量进行有效的提升，更容易满足广大观众的多元需求，提高节目效应。

二、计算机技术在电视节目后期制作应用的作用

在电视台的电视节目后期制作过程中，计算机技术的应用起到了至关重要的作用，而其作用主要体现在视频与图像的绘制、调整动态影响以及自动化 3D 追踪三个方面。其中，视频与图像的绘制即是指相关的后期制作工作人员在对前期拍摄的视频素材进行相应的后期制作时，通过采用计算机技术中的 3D/2D 技术对所选取的素材进行虚拟场景制作，并将一定的现实场景进行替换，由所制做出的虚拟场景展现出来，这样能够有效地解决部分

由于环境或其他多种因素造成无法进行实景拍摄的状况。通过制作虚拟场景代替现实场景的技术，不仅能够对电视节目制作成本进行一定的缩减，同时还能够让观众对电视节目的多元需求进行充分的满足。而调整动态影响即是指相关后期制作工作人员通过将前期拍摄的视频素材通过借助 Monkey 软件与 3D 拍摄相互结合，这样不仅能够对动态抠图的效率有效提高，还能够提升整个后期制作的工作效率。最后，自动化 3D 追踪则是指通过将自动化 3D 追踪这项计算机技术应用在后期制作的工作之中，并通过这种技术对前期拍摄获得的视频原素材进行更加深入的挖掘，从而对一些较高要求的拍摄器材进行一定的要求降低，更加方便视频制作。

三、电视节目后期制作中计算机技术的应用

在现阶段电视台中的电视节目后期制作中，通常，大部分后期制作所采用的计算机技术应都主要为非线性编辑技术以及遮罩技术两种技术应用。两种计算机技术的具体应用如下。

（一）非线性编辑技术

非线性编辑技术即是一种以计算机技术的数字化编辑制作作为基础而延伸出来的一种制作技术。这种非线性编辑技术与传统线性编辑技术相比较，这种技术要为更为精准简便。非线性编辑技术能够在没有磁带为介质的情况下就可以对相应的音频材料进行存储，并且还能够对输入的音视频信号进行较之线性编辑更加精准的转换，不仅如此，通过非线性编辑技术还能够在数字压缩技术应用下对数据进行有效的压缩并且能够将压缩的数据存储在计算机硬盘之中，而后还可以对画面进行相应的复制、剪切、粘贴以及快速读取和存储等操作，较之传统的线性编辑技术制作过程更加简便优化。

（二）遮罩技术

遮罩技术在电视节目后期制作中的应用主要体现在静态遮罩和动态遮罩两个方面，其中，静态遮罩即是指在电视节目后期制作过程中，将电视节目视频图片素材导入到工程文件中，并通过利用 ImageMatte 功能的相应操作，使其能够在 TimeLine 中预览并呈现出静态遮罩效果。而动态遮罩即是指制作过程中遮罩层能够随着视频素材的变化而同样地也会发生一定例如位置、大小等变化。

综上所述，通过对计算机在电视节目后期制作中的实际作用以及具体应用能够看出电视节目在对后期的制作中所采用的先进技术越来越多，电视台的电视节目质量也越来越高，充分表明了后期制作水平在电视节目中的重要性。因此，在电视节目的发展建设过程中，应当加强后期制作的技术水平，将更多的计算机技术应用在电视节目的后期制作中，并且要建立各种明确的规范制度，以确保计算机技术能够在电视节目后期之中受到更加充分的应用，从而为电视台的建设发展提供一定的保证。

第五章 计算机人才的培养

第一节 基于新型工作室制的计算机人才培养

针对目前计算机专业学生面临的实践能力欠缺和企业需求脱轨问题，就实施以工作室为载体的工学结合新型培养模式的必要性、目标定位、特色和组织管理方式等方面展开探究。新型工作室制通过科研课题、竞赛和企业订单等渠道，以项目为导向，全面改革教学方式，创新教学模式，深化素质教育，从而提升学生的实践能力，提高就业率，同时为教师和学生提供了可以面对面交流和研讨的机会，最终达到学生、企业和学校的"三赢"的目的。

知识的概念随社会发展而改变，启蒙时代知识的含义在于"启迪思想、增长智慧"，而如今工业时代知识的意义则在于被应用。到了知识时代，"知识正被应用于知识，利用知识来找出如何把现有知识最大限度地转化为生产力。"（彼德·德鲁克）。但是对于如今计算机专业的学生来说，"动手能力差"、"课程设置与企业需求脱轨"等现象普遍存在，理论知识无法被应用，也就更无法转化成生产力。因此，许多高校开始积极进行教学改革，寻找校企合作机会，探索工作室模式的创新方式与实施途径，来解决教学与就业衔接问题。

一、工作室制与计算机教育结合模式的提出

（一）工作室模式的由来

工作室模式最初源于艺术设计学科，它的雏形"作坊教育"由现代主义建筑学派的倡导人和奠基人之一的 Walter Gropius 提出。他创办了著名的公立包豪斯学校（BauHaus），通过"工作坊"将技术引入艺术设计教育中，徒弟跟着师傅全程参与设计制作，这就是"作坊教育"。在 Walter Gropius 的设计理论中，"艺术与技术的新统一"是基本观点之一，而"作坊教育"的核心正是突出了学生"解决问题"的实践能力，使理论充分运用到了实践操作中。在我国的近代高等教育中也有对工作室模式的探索，但是主要应用于一些高层次学历的学生培养以及艺术设计类院校或专业。

（二）将工作室模式引入计算机教育

针对当前计算机专业人才动手能力不足，授课体系与企业脱节的情况，近年有学者开始将工作室模式引入计算机教育，以提高实践教学水平。然而仅仅引入而没有进行创新改革，使得工作室模式的引入仅仅局限于校内实践场所，学生们可以参与导师布置的虚拟课题，却很少有机会会与企业项目紧密联系，缺乏全真性与可持续性，学生的参与度也不够理想。因此在全新的工作室模式中，充分融入企业需求，深度渗透专业学习，加大参与力度，以全面提高学生的实践能力和就业能力。

二、新型工作室模式的目标定位

（一）提高实践能力

技术是主体充分发挥主观能动性，在实践中运用知识、能力、技能、物质手段等要素的动态过程。所以工作室模式核心就是依靠项目合作的形式展开对学生实践能力的训练，较之传统授课体系的"重理论，轻实践"，更有效地增加了同学们的实际操作机会，充分积累了实战经验。并且，在项目合作模式中，拓宽了专业知识面也增加了学习深度，使得同学们既能更深入地了解专业工作形式以及流程，又能更快速地找到适合自己的发展方向。

（二）适应企业需求

一方面，传统授课体系的设置在许多方面已经与企业的需求脱轨，造成了四年大学结束后学生们所学无处致用的尴尬局面。基于这一点，工作室制的创新使学生与企业在校内就开始逐步建立联系，充分链接，有针对性地增强补弱。另一方面，工作室模式也有利于职业素养的培养，团队协作能力以及沟通协调能力在计算机行业中都体现得十分重要，这些职业素养依靠短期培训是难以达成的，需要实际经验的一步步积累，而工作室制在大学中无疑提供了这样一个积累经验的平台，促进教学与就业的自然衔接。

（三）培养创新型人才

我国要在 21 世纪的国际社会占有一定的地位和具有较强的竞争实力，必须培养大批具有创新意识和创新能力的人才。作为基础研究的重要源泉，同时也是创新人才培养重要基地的高等院校，对于创新型人才稀缺的现状，纷纷意识到了创新型人才培养的刻不容缓。针对这种情况，新型工作室模式的引用无疑是一种可靠的选择。在人才培养方面注重实践动手能力，尤其是对于计算机专业的学生，更是要以能够完成实际科研项目和课题为目标，尽早锻炼学生将课堂理论运用到实践中的能力，从而培养出应用能力强的实用创新型 IT 人才，而不是普通的计算机程序员。

三、新型工作室模式的主要特色

（一）"做中学"模式

通过项目了解流程并掌握技术，在动手操作的过程中学习知识，探究式的学习模式利于学习兴趣的激发，学习目标的确定以及创新型人才的培养。此外，"做中学"模式包含了科研项目与企业项目，既能锻炼科研创新能力又能全面了解企业需求从而提高就业能力。

（二）企业化管理模式

工作室在一定程度上类似于学生社团，学校为这些团队提供科技创新基地，主要由学生进行组织管理，强调内部建设与人才培养，也是实现群体凝聚的一种有效方式。为实现企业化管理模式，工作室需确定明确且具体的规章制度，有明确的发展方向和目标，细化分组管理工作室内外联等事务。有条不紊的管理模式有助于工作室内部整体的团结和合作意识的培养，企业化的管理更有助于成员职业素养的培养，已达到对学生进行自我教育、自我管理、自我服务的目的。

四、新型工作室模式的教育组织方式

（一）教师资源和学生小组

学院为工作室充分整合教师资源，并且除了一位总负责教师以外，还应聘请企业的专家、有丰富经验的系统分析师、高级程序员等作为教师或实践指导教师。工作室内的学生根据教师教研方向的不同选择其所在的小组，实现组内互相交流、合作共赢，组间良性竞争、共同进步。

（二）能力培养的三种方式

1. 教师团队的教研项目

项目案例可直接从实际的项目或课题研究中来，学生进入工作室后，从专业课的教学到毕业设计都可在工作室的导师指导下完成。

2. 专业相关的各类竞赛

工作室在重视内部培养的同时也杜绝坐井观天，需要经常组织优秀部员走出校门，与其他高校的优秀学子同台切磋。计算机类专业的竞赛比较多，而在大学里多参加一些竞赛可以起到自我能力检测与自信心培养的作用。在工作室内经验丰富的教师的指导下以及工作室浓郁的学习研究氛围里，同学们的参赛热情更高，解决问题的速度也更快。

3. 校企合作的小订单

整合利用行业资源，紧密联系市场，基于校企合作的小订单人才培养的运作使教学与生产有机地结合起来，全面提升学生的素质和就业质量。

（三）定期举行工作室会议

会议内容除了进行学习交流，展示阶段学习成果之外，还要对近期工作室内成员的突出表现提出表扬，对不足处批评指正，在集体会议中增进成员感情，也使得工作室整体朝着正确健康的方向发展。

五、新型工作室模式的管理方式

（一）进入工作室的条件

工作室的本质是将理论知识应用到实践之中，是对传统课程教学方式"教学做一体化"的改革创新，优化为"任务驱动、行动导向"型教学模式，前提必须保证学生对传统课程中核心的专业基础的掌握，即工作室主要是为学有余力的同学们提供进一步提高实践能力的机会，因此，要求入会学生大一期间所学的基础课程扎实，并且在学习过基础的专业知识和进行过一定的上机练习之后，已经具备了一定的编程能力。在招新初期时可以通过笔试、机试或者面试的方式选择性吸纳优秀学生入会，随后进入工作室进行基于项目的深入训练。

（二）不同年级同学的定位，建立"带帮学"关系

大一年级的同学主要处于专业基础平台训练的过程中，保证专业的宽厚基础和技能的培养。少数中学时期有编程基础的同学可以与大二年级同学们一起参加笔试与面试，通过之后进入工作室深度学习。大一和大二的同学们进入工作室时选择感兴趣的技术小组，开始学习相关的技术基础，学习过程中完成组长布置的学习检测任务。高年级同学在经过一两年的技术学习之后，其中能力较强且表现突出的同学成为小组的组长，在完成自身项目任务的同时，还需要安排固定时间对小组新成员进行集中培训，并力所能及地解答疑问。

另外，工作室需要一名主管，人选在本科生高年级确定。有研究生加入的情况下，可以将研究生分配渗入各个小组带领其他组员，因为研究生理论知识与项目经验均更为丰富，对自学过程中有问题的同学可以起到更加有效的帮助。

（三）考核方式

1.出勤率

工作室备有出勤记录本，学生每天到工作室和离开工作室时进行签字记录，每周都安排学生值日，管理这周每天的出勤签到情况。出勤没有硬性规定，但是出勤率可以作为学生学期表现的重要参考。

2.项目进度

工作室的所有项目都有完成过程的记录，各组内学生参与项目的任务完成度会被详细记录，不同的项目难度不同，不同的学生选择的项目数量也不同，学期末根据这些不同的影响因素综合考虑学生学习态度，共同考核评定工作室成员的学期综合表现。

通过对工作室模式进行创新改革，使之形成了一定的研究、教学、项目承接与实施能力，团队能充分利用各类资源，进行教学、科研、社会实践等工作。新型工作室制下的计算机类专业人才培养明确了新时代的知识含义，抓准了"知识在于应用"的核心内涵，增强了学生的实践能力和就业能力，使教学与就业得以自然衔接。

第二节　以就业为导向的高职计算机人才培养

在信息技术发展的进程中，对计算机人才的需求逐步增大。高职院校培养学生年限较短，应注重建立以就业为导向的人才培养模式。创新改革计算机课程，优化教学资源，增强学生综合素质，全面提高毕业生的岗位竞争力。就以就业为导向的高职计算机人才培养模式建构进行探究，研究高效建构路径。

随着近些年高职院校的不断扩招，毕业生的就业形式越来越严峻，竞争更激烈。虽然社会上对计算机人才的需求很大，但是没有良好的专业技能也很难在求职中争取一个好工作。所以这就要求高职院校要以就业为教学方向来制定教学目标，优化计算机人才培养模式，培养出符合社会需求的综合素质人才。

一、以就业为导向的高职教育

高职教育也就是职业教育，是为了促进学生就业的教育，核心思想是培养学生在就业中所必备的专业能力。其实，专业就业不是随意地开始一份工作，也不是简单的劳务派遣，而是本着所学专业有目的性地去就业。一方面要以学生的所学专业为根本，保证学生的工作可以将所学专业知识技能最大化发挥出来。另一方面就业这项工作也要求高职院校从专业化的角度去准备，尽量去提供充足的企业岗位资源给学生，让学生有自由选择空间，可以找到合适的企业和岗位，像这样专业的就业正好适合每个学生。

二、"以就业为导向"理念

（1）实现高职院校教育目标。现在国家对技能型人才的要求越来越高，而高职院校对学生的培养注重的就是知识技能和实践能力，着重培养实用型人才，提高就业率的同时也会提高知名度，从而可以招收更多学生，这有利于学校长久生存和发展。因此，提出"以就业为导向"正是满足高职院校的教育要求，有助于就业率的持续增长。

（2）就业形势所需。当今我国对计算机高端人才的需求还是很大的，可是实际调查情况是高职院校的学生就业并不乐观，甚至处于劣势地位，很多高职毕业生都无法在软件公司找到一个合适的岗位，在就业选择中很被动。造成这种情况的最主要原因还是来自高职院校的毕业生与企业的招聘人才标准还有很大距离，达不到企业的真正需求。像这样学校教育和企业需求脱节的现象是对学生非常不利的，教学资源没有被高效利用也是一种浪费。

三、以就业为导向的高职计算机人才培养模式的建构意义

一是有助于提高计算机专业毕业生的就业竞争力。现在高职学校的计算机专业学生在社会中的就业形势很严峻，因为专业素养无法和更高层次的毕业生相比，入职培养也困难，就业竞争压力很大，如果以就业为导向来开展教学工作，学校和企业良好对接，将会大大提高高职院校学生在就业市场上竞争力，学生专业能力强，还会有更广阔的职场空间可供选择。二是可以让教学资源得到合理利用。一名高职院校计算机专业学生在经过几年的专业学习，到毕业的时候发现就业如此困难就从事其他行业，不仅是学生本身时间精力的浪费，学校培养的人才没有发挥专业优势，更是学校教学资源的浪费，所以提出"以就业为导向"可以让更多学生发挥自身价值，在就业中有适宜的选择，学校的教学教育资源也起到了作用。三是有助于学校招生。高职院校的教育宗旨就是为社会培养实用型技能人才，如果就业率不高就很难招来学生，不利于学校的长久发展，因此以就业为主的人才培养模式可以有效帮助院校提高就业率，扩大知名度，从而吸引更多生源，有助于学校长久发展。

四、高职计算机人才培养现状

在互联网大环境下对计算机人才的需求一直很大，但是由于高职院校教学模式落后、课程设计不合理、与企业需求脱节等因素导致高职院校计算机人才的培养现状很不乐观，所以就业形势也不如人意。

（1）教学模式落后，缺乏创新。现在很多高职学校的教学模式还处在传统阶段，教学方法不够灵活，重视对知识的传授，忽略了创新教学，学生被动地学习，对于创新学习和创新实践没有相关思考。教师忽略学生的创新意识培养，学生没有主动性学习和创新意识，不利于学生的成长，也阻碍了国家 IT 行业的进步。传统教学模式的局限性很大，不只是影响学生创新能力培养，对于老师来说也不利于自身进步，教师在习惯沿用以前的教学模式后就很难再去研究新的课堂教学模式，自己的教学水平和知识技能储备也很难再有进步，对学生和自己都很不利。

（2）教材和教学内容老旧，更新缓慢。现在信息技术发展迅速，所以相关计算机知识也在随着变化。但是，当下很多高校在计算机专业教学中所使用的教材相对陈旧，与市场需求相差很大，学生在课堂上学习到的知识是跟不上行业变化的。由于教材老旧，所以

老师在准备授课内容过程中就有了一定的局限性，因为教学不能脱离教材，而且很多老师也没有教学创新意识，不知道去网络上查找优质创新的教学资源来弥补教材的不足。时间长了，学生的知识技能会和社会需求相差越来越大，学校培养不出综合能力强的人才，学生在就业环境中也困难重重。

（3）实践教学环境欠缺。计算机是实践性很强的一门学科，学生不能只知道教材知识，必须有实践机会运用所学知识，才能加强对知识技能的掌握能力。在现实的高职教学环境下，对于实践这一教学重点还是有所欠缺的：首先，在师资队伍里缺乏实践能力素养高的教师，年纪稍大的教师教学思想相对落后，重视学生的分数情况，虽然教学经验很丰富，但是在实践能力培养方面的经验不足，年轻教师大都刚从学校毕业就走进课堂里，需加强职业技能培训。其次，高校需重视实践环境的建设，比如建设相关配套的实验室，加强和企业合作成立实践基地，学生在课堂上接受教师口头传授的知识之后没有实操经历，造成实践能力欠缺，在求职中处于劣势地位。

（4）与社会需求脱节。现在软件市场发展迅速，所以在技术人才方面的需求会越来越大，同时也会越来越严格。现在计算机专业在各个高职院校都有开设，每年有大量计算机专业毕业生走向社会，但是他们的就业情况很不乐观。分析原因，主要是因为很多高职院校对于计算机人才的培养模式缺乏创新，在教学目标上还是把计算机专业当作传统的理工科来对待，平时注重理论知识的传授和考核，没有对现在市场上需要具备哪些能力的人才进行详细调查分析，缺乏对学生实践能力的培养，以及创新思维的引导，所以毕业的学生与社会计算机市场上真正需要的人才在能力素质方面存在很大差距，也就是高校教学和社会需求有脱节现象，导致毕业生在快速融入当今IT行业时遇到很大的瓶颈。

（5）人才供给与社会需求失调。现在IT行业快速发展中，因为信息技术可以给国家科技、经济、教育等各项产业进步提供强有力的支撑。在未来，IT行业会有更多创新，高端人才是推动这个行业进步的动力。现在高校每年都有大批计算机专业毕业生走向社会，其中很多学生都因为不能找到合适工作而被迫专业。但事实是IT市场有着很大的人才缺口，一个方面是高校的毕业生质量不高，在能力上与市场需求存在差距，或者与市场需求不一致，无法胜任工作。另一方面，高校的计算机人才培养供给大于市场需求，没有就市场需求进行分析研究来制定课程和人才培养计划，也就是培养方向不明确，招生数量还很大，最终导致高校供大于求，而公司需要的人才却求大于供，供求存在差异，所以很多毕业生不能在本专业市场找到合适工作。

五、以就业为导向的高职计算机人才培养模式

（2）提高师资水平，更新教学方法。在学校，老师的教学水平和教学方法很大程度上决定着学生的学习效果如何。高职院校的教育以就业为中心，培养适合社会需要的计算机人才，所以教师的水平也要快速提高，跟上时代的发展。课堂上，老师要精讲，多给学

生思考和交流的时间，在备课的时候多查找可以锻炼思维、培养创新思考习惯的问题，指导学生运用所学知识去解决问题，会从创新角度去全面的思考对策。教师要充分地利用多媒体教学的便利条件，寻找优质资源来拓展学生的知识面，注重学习能力的培养和提高，科学制定教学计划，贴近社会现状设置问题。同时，高校也要重视对教师的能力进行训练提高，定期培训和考核，提高教师的能力素质才有助于提升学生的综合能力。

（2）更新调整课程体系，优化教学内容。计算机涉及的知识内容较多，所以高校会开设很多课程，每个学科的侧重点不同，锻炼学生的能力素质方向就不同。高校应根据市场需求有目标的培养人才，有计划地更新和调整课程体系，删除一些老旧的教学内容，因为落后时代发展的教学内容会影响培养学生符合市场要求的综合实力，还浪费宝贵的教学时间，得不偿失。在课程设置上，应该把理论课程和实践课程相结合，合理分配教学时间。理论方面要有针对性和实用性，着重职业技能和品德素养，可以邀请业内人士或学者到校座谈，共同探讨课程体系制定方案，制定教学计划，优化教学内容，以就业为导向来设定教学目标。

（3）加强实践教学环境建设。计算机行业需要的人才是既要有扎实的理论知识，又能够把理论付诸实践，操作能力也要强。高职院校开展以就业为导向的计算机人才培养教学工作，就要创造良好的实践教学氛围，让学生在学校就可以有实践机会。首先，可以把实践与平日的教学工作联系起来，给课程体系配置相关的实践课程，建设实践基地，学生可以在课堂上就进行实操训练。其次，学校可以组织计算机操作技能大赛，依据教学内容和市场需求举办竞争比赛，激发学生的创造力和训练学生的动手能力，同时也可以加强他们团结协作精神的建设。最后，高校和当地企业加强合作，由企业提供一些实习机会，让学生在真实的工作环境下去体验和学习，更有利于他们的快速成长。

（4）分析市场环境，确定培养目标。现在及将来的 IT 行业都会服务于各行各业，对人才需求大，但是要求会跟高。高职院校每年在计算机专业的招生名额都很多，要想在变幻莫测的计算机领域提高就业率，就必须时刻关注市场信息动态。关注和分析市场未来发展方向，然后调整培养目标，以就业为导向，从课程设置、教学方法、师资水平、实战训练等多个环节进行结构化调整，建设一个完善科学的人才培养模式。培养目标应遵循市场环境而立，分析市场最需求哪方面的技能人才，然后对学生进行专项教学训练，有利于提升他们在众多求职者中的竞争力，可以找到心仪工作。

（5）加快建设与市场信息对称的人才培养模式。高校培养学生需要花费大量精力、时间、资源，如果培养目标与市场信息不对称，那么就会导致很多学生在择业的时候出现迷茫心理，发现自身能力与企业需求存在很大落差，不利于学生顺利就业。计算机是当下的热门专业，学校的招生名额多，报考的学生也多，毕业时常出现供大于求，而企业却找不到合适员工。有关教育部门应对这些热门专业的招生培养现状进行管理，调查市场信息，提供给高校并要求学校合理制定招生计划，培养学生要有科学的人才培养模式，符合市场切实需求，也有助于提高就业率，提升院校知名度，吸引更多优秀学生前来报考。

高职院校应把就业作为基本要求来有针对性地教育学生，构建科学合理的人才培养模式，满足社会对计算机人才的要求，提升学生的创造力、思考能力、动手能力、团结协作能力等综合素养水准，有助于学生在竞争激烈的就业市场中脱颖而出，促进高职院校提高就业率。

第三节　建设智慧城市创新计算机人才培养

自从 2008 年起，IBM 公司正式提出"智慧城市"这一概念，经过两年时间的探究，于 2010 年开始正式逐步引进"智慧城市"的应用。首先将各个城市中的水、电、交通等公共的信息资源都通过了互联网——连接起来。更好地服务于民，方便于民。让市民们在生活、工作等方面需求都能得以最好的帮助。目前，智慧城市的建设则通过了互联网，计算机等新一代电子技术来实现建设智慧城市。智慧城市的概述：

一、智慧城市概念

所谓"智慧城市"是指在一个城市的发展过程中，城市基础环境、经济的发展和市政的管理等等都能充分地利用互联网、智能科学、物联网等创新计算机技术。对于在城市居住的市民在生活中，工作中以及企业的发展的相关需求都进一步用互联网信息技术来逐步处理解决。让新技术覆盖整个城市，因此为市民提供更优质，更有发展空间的生活环境。也为政府建设一个高效的城市运营管理环境。

（1）智慧城市的特征。智慧城市的主要特征是全面透彻感知、计算机互联网、智能与现实融为一体。第一，是全面透彻感知：全面智能识别、整体化透彻分析、精细处理。第二，是互联网电子化：完整的使用网络信息平台实现人与人，物与物、人与物的相互转换，相互关联。第三，是智能与现实融为一体：大量的计算机信息能够与现实实时融为一体，让市民能够做到随时、随身、随意的应用。并且能够通过信息时代的更新不断更新创新，让市民都能参与其中，给智慧城市一个更大的创新空间。

（2）我们国家智慧城市的发展。城市的信息技术经历了数字化和网络化的建设之后。正在向智慧化的方向迅速发展。数字化主要是体现在我们城市中的公共信息和居民服务信息以及个人社会信息转化成数字化计算资源。另外，整个网络化主要是通过互联网络实现城市的信息共享，在部分区域中分散信息互联成为数据。目前，正在发展的智慧化主要是通过云计算、物联网、互联网等等技术整理、细微加工、分析资源，协同工作，智慧互动。其中"智慧城市"是城市信息化发展的高级阶段。国内"智慧城市"发展迅速。从智慧城市这一概念提出到正式规划建设，我们国家仅用了短短 3 年的时间：2009 年，首次提出"感知中国"概念；2010 年，全国两会首次将物联网与智慧城市列入政府工作报告；2011 年，国家和地方政府"十二五"规划提及智慧城市建设；2012 年，有超过 150 个城市将智慧城市列入"十二五"规划或制定了行动方案。

二、计算机人才培养

（1）创新计算机人才的培养。随着计算机的普遍应用，计算机的技术在我们国家有个很大的发展。有关计算机专业的教育也得到了很大的发展。但是，目前非常多的计算机专业的学生都缺乏在应用中的扩展能力，不能很好地把计算机应用和现实结合在一起。因此计算机技术在我们国家目前是重点培养的对象。在计算机普及应用的今天，信息技术化的社会更需要精通计算机的人才。高效率的培养创新的计算机人才是当下关注的重要问题。

信息化的时代，计算机占领者社会发展的最前端。从计算机专业毕业的学生都可以在教育、企业、技术和行政管理的单位就业。从事有关计算机教学以及软件开发、维护、信息系统建设等相关的工作。除此之外，还有很多非计算机专业的人才，都逐步接受计算机方面的教育。

（2）信息化人才培养规划。我们国家在创新培养人才的规划方面实施了七大领略：第一，在经济上不断增长的前提，实施了人才优先使用战略。第二，逐渐建设城市的需要，信息技术代替人工劳力。第三，适应知识时代的需要，实施人才能力的建设战略。第四，跟进产业的发展，实施知识与现实结合，人才与经济结合的建设战略。第五，走在时代的最前端，实施人才竞争上岗，在信息技术不断发展的时代中，实施强者胜于败者战略。第六，根据市场需要有利分配人才，实施人才市场配置战略。第七，适应企业是培养人才的主体，实施企业人才主体战略。在这样的战略前提下，我们国家组织了培养人才的方式方法和陈旧观念的大角度转变，一年比一年增大对信息化人才的培养投资，为了提高社会发展和建设智慧城市打下良好的基础。

（3）人才培养体系，加强国际化教育。我们国家不断扩大中外合作办学、创办创业大学和扶持大学生创业平台。以研究机构、跨国公司、社团为载体，提高国际化人才聚集的比例，加快人才流动和创意传播。加强与国内外著名高校和研究机构合作，长期组织国内外信息化精英人才来本地交流，举办信息化重要应用领域最新研究动态的展示会、交流研讨会，促使信息化人员不断提高水平，激发创新能力，形成相互学习和知识交流的良好环境。

（4）建立多层次需求的信息化培训体系。

增大增强国家人才的信息化培训和考核。充分发挥各级各类教育培训机构的作用，切实有效地开展公务员电子政务知识与技能培训，制定并实施考核标准和制度。加强对高中级管理人员、IT 部门负责人和技术骨干的培训，完善信息技术管理职业资格考试和认证制度，完善面向信息化相关专业人员的资格考试和鉴定制度，努力形成一支复合型的信息化管理人员和技术骨干队伍。以实用、有特色为宗旨，鼓励和动员社会各种力量设立适应多种需求层次的职业培训机构，以培养企业急需的信息化实用性人才。

三、智慧城市中，计算机人才的重要性

新时代的到来，让人才不断增多，无论是建筑师还是设计师都将计算机技术在建设智慧城市中充分融为一体。智慧城市的建设需要国家层面的顶层设计和宏观指导，智慧城市是整个城市各种技术和各个部门通力合作的成果，不是一股脑就能做的。有了更高层次的规划我们可以少走弯路，更快更顺利地拥有一个人性化、科技感的城市，提高居民们生活质量。

在建设智慧城市中，我们国家把重点放在了培养人才的发展上，培养人才用新信息技术，新思想，放弃旧思想观念，为了智慧城市建设人才的发挥提供更好的环境，为此促进培养智慧城市建设人才。通过国家政府给教育部门提供了培养人才的有利条件与空间。让更多的人才，在合适的年龄从事更合适的工作。让人才发挥更大的作用，并且得到更大的回报。事实上，近年来，国内也纷纷建立人才创业特别社区，并在各方面协同配合，积极优化人才的成长和发展环境。

第四节　双创型计算机人才培养

《国民经济和社会发展第十三个五年规划纲要》（以下简称《纲要》）指出："创新是推动社会经济发展的第一动力，处于国家发展全局的中心地位"。同时强调要"持续推动大众创业、万众创新"。此外，2016年高校毕业生将高达765万，为缓解就业压力，政府和高等学校要着力扩大就业创业，实施更加积极的就业政策，鼓励以创业带动就业。因此，培养创新创业人才是建设创新型国家的客观要求，是全面落实《纲要》的关键。《纲要》中也明确要求要充分利用云计算、大数据与物联网等信息技术，促进经济发展。因此，计算机类专业在国民经济和社会发展中将起到越来越重要的作用，凸显了培养高质量创新创业型计算机人才的重要性。

计算机学科具有实践性强、技术发展迅速、应用广泛等特点，需要不断创新来开展新技术的研发，并推进新技术在不同领域的应用。而目前计算机人才存在专业理论基础不扎实、工程实践能力不强、创新创业意识薄弱的问题，同时毕业生创业比例偏低。因此，培养具有开拓创新创业思维和较高创新创业能力的人才，是计算机类人才培养的迫切需要。

一、双创型人才内涵

（一）创新创业型人才

对于双创型人才的内涵，不同的学者有不同的表述，但对于其本质特征基本上达成了共识。创新型人才的本质特征是"向善"和"突破"，指那些富有创新意识、精神和创造能力，能敏锐地发现问题，并迅速地提出解决问题的方法，通过创造性的劳动，创造出突破性的成果，对社会进步或科技发展做出创造性贡献的人才。

创业型人才的本质特征是"独立"和"灵活"，是指具有创业素质和创业能力，能承担一定的创业风险，并为此投入财力和智力，独立开拓事业，为社会创造价值和提供服务的人。创业根据是否具有高科技含量分为科技创业和普通劳动创业。创新型和创业型人才的特征虽有不同的表现形式，但都有坚韧性、开拓性、敏锐性和高尚性等相同的内涵。因为创新创业相关支撑，创新是创业的前提和核心，创业是创新的表现形式和升华。

双创人才是既富于创新精神，还具有创造能力，能够独立提出问题、解决问题，并可以通过创办企业等手段产生创新成果，创造社会价值的综合型人才，结合了创新型人才和创业型人才的双重特质。本节提到的双创型计算机人才是指拥有计算机学科专业知识，掌握IT系统管理维护、IT技术行业应用、较强的程序设计和工程项目开发等技能，具有创新能力或创业能力的人才。

（二）人才培养模式

双创型人才培养模式，主要指以专业知识和双创技能为主要内容，以培养学生的自主学习能力和解决问题能力为目标，以实践教育为基本手段，把创新和创业教育有机地结合起来，以培养学生的责任意识、创新意识、工程意识、团队意识和健康意识为核心，以形成创新创业品格和综合素质不断提高为目的的培养过程的标准构造样式和运行方式。

二、双创型计算机人才培养现状

（一）双创教育现状分析

互联网时代，计算机技术影响着世界的发展，新型计算机人才的需求量逐步增加，同时随着我国创新驱动发展战略的不断落实，计算机创新思维和创业能力的培养越来越受到关注，并取得了重要成果，但仍存在很多困难。

从宏观上看，计算机专业固有的行业优势不断下降、社会认可度逐步下滑，且人才适应社会的能力较弱、创新能力不够突出。从微观上看，培养目标、人才定位不够明确，与社会实际需求的人才要求脱轨；设置的课程体系不健全、内容更新缓慢，未能及时吸收新的知识与理论；学生基本功不够牢固，知识面比较狭窄，创新能力相对较弱，价值取向和职业规划不够成熟；师资建设滞后、教学方法单一、教育方式落后，创新创业资金和场所等基础性教育资源短缺。

（二）问题成因分析

计算机双创人才培养存在诸多问题的原因有以下 4 个方面：

（1）双创教育尚未形成成熟的模式体系，创新创业教育课程体系不健全，缺乏创新创业的文化氛围，缺少对学生工程能力和双创能力的训练。

（2）对计算机学科的认识没有与时俱进。在计算机技术迅速发展，行业分工越来越细的情况下，很多高校培养方案更新缓慢，没有把最新的知识与理论引入到课堂中去，课程设置广而不精、重理论轻实践，尚未构成完善的双创技能教学体系。

（3）教育模式单一，未形成完整的体系结构。人才培养方案中的"3+1"校企合作模式和订单式模式，虽然在双创人才培养方面都发挥了积极作用，但这些模式的侧重点不同，培养的目标和对学生的要求也不相同。很多高校对所有学生千篇一律套用这些模式，实际效果有限。

（4）学生选课自由度过大，缺乏有效的监督。很多高校推行了学分制，大部分学生为了尽快修满学分，选修的课程不成体系、多而不精，表面上看各种技术、原理都懂，但对任一领域都没有深度学习。尽管大部分学校实行了导师制，但导师缺乏有效的引导和监督手段，导致学生选课具有很大的盲目性。

三、双创型计算机人才培养模式构建

（一）制定多层次人才培养方案

创新创业人才培养是一个多层次、多类型的复杂系统，不同层次和类型的高校要运用不同的培养模式，根据不同的个体制定不同的人才培养方案。对于一般的本科院校，在一年级第二学期可对学生进行专业定位，分别执行学术研究型和应用技术型等不同的培养方案。对于本科毕业后想继续深造和创新学习的学生，注重科学创新和原创性教育，通过课程实践教育和基于学科竞赛培养相结合的方式，依托学科竞赛和创新项目，培养其具有坚实的理论基础和较强的科学研究能力，以及较高创新实践能力和较强的创新意识。

对于动手能力较强和希望尽快就业的学生，侧重具体应用技术的教育，通过"3+1"培养和"万行代码"方式，开展校企联合培养合作，前三学年在校内，注重专业理论和实践技能的教育，第四学年将学生的专业综合实践能力的提高与用人单位项目需求有效结合，引入主流的 IT 新技术，聘请一线技术人员参与教学，实现学生能力的再提升，通过大量的实际软件项目开发训练，积累万行代码开发经验，培养独立分析问题和动手解决实际问题的能力。

（二）建立立体化实践教学体系

计算机专业具有教学内容灵活、实践能力要求高的特点，需建立完善的实践教学体系，培养高素质双创型人才。实践教学体系由教学内容、教学支撑环境及教学质量管理手段共3部分组成。

教育内容由专业知识教育、双创能力培养和实习实训教育组成，支撑环境包括实践教师队伍和校内外实践就业平台，管理手段包括过程监控、教学组织形式和考核方式。该课程体系既注重专业技能教育，也注重双创素质培养。逐步深入地培养双创意识和工程实践技能，具体步骤是，一年级培养专业意识，引导学习方法；二年级培养专业能力，明确专业定位；三年级培养专业技能，确定专业方向；四年级培养职业素质，强化职业技能。

（三）优化教育资源

优化双创教师结构，提高团队素质。教师是双创教育的基础性资源，要求教师具有扎实的专业知识和丰富的实践工作经验，因此应通过各种方式提高双创师资队伍素质，改变传统的人才引进标准，引进优秀的双创型教师。将有双创基础的教师派送到企业挂职培训，或派送到双创教育开展较好的学校进行访问学习。同时可以聘请创业成功人士和创新专家做兼职教师，构建立体的双创教育师资队伍。

更新双创课程资源，提高教材质量。如何进行双创教育，首先要有双创教育的课程，使其受过基本的创新创业训练，因此双创教育课程体系和教材资源是双创人才培养的重要保障。可根据不同的专业和学生，开设不同类型和层次的双创教育课程，提高双创教材的编写质量。对于计算机专业，应编写互联网、大数据、云计算、物联网创新创业类教学资料，从基础上保证创业教育理论的先进性。

（四）构建多元化人才评价机制

双创能力的培养需要改变教育观念，改变传统的人才评价机制，构建科学合理的人才评价体系，采用多元化的评价标准和手段，从多角度评价人才。

构建多角度的人才评价机制。我国新一轮高等教育审核评估，在理论与思路上均有较大创新，更加注重学生和用人单位的满意度。政府是教育产品的投资者，关心培养出的人才是否满足社会需求，投入的资金是否得到科学利用；学校是教育产品的生产者，关注其教育的质量是否能维持未来的良性发展，能否获得较多的发展资金；学生和用人单位是教育产品的消费者，学生关注自己能否学到知识，是否能提高就业竞争力，用人单位主要看所聘用的人才是否能够胜任岗位工作。因此，高校双创型人才评价的主体应由用人单位、学生、政府和学校等4个利益相关方组成，并根据各利益相关方的诉求构建立体的评估指标体系。

构建合理的教学考核标准。双创人才的培养，最终要落实到具体的课程教学，有赖于教学考核标准。应转变传统的"考概念、考原理"的考核思维，改变考试"以闭卷为主、签到、上交实验报告"的考查方式，注重工程实践能力和创新创业能力的评价。基础理论课程采取试卷形式的考核方式，专业课程以课程项目作为基本的考核方式，要求学生完成相对规模的开发项目。对于课程设计以公开答辩考核为主，以真实考核学生对专业知识的理解掌握和实践应用能力。对于各类实习课程，要加强课程监控，构建由学生、教师和实习单位组成的三位一体的评价细则和考核标准。

（五）搭建合理的双创教育平台

构建校内外实践教学平台。积极争取各类资金投入，扩大实验室面积，加快设备更新速度，提高建设层次，保障基础课、专业课以及实验课（实践课）有充足的实验资源。积极拓展与知名企业的产学研合作，拓宽学生实习就业平台，完善校外实践教学条件。建立高校科技园，为学生创新创业提供支撑平台，进行项目孵化。

构建学科竞赛平台。根据学科特点从全国计算机学科竞赛中遴选出一批符合自身水平的竞赛项目，构建有特色的计算机学科竞赛体系，并制定完善的选拔和激励机制，充分发挥学科竞赛在双创人才培养中的作用。目前，主要的竞赛项目有中国大学生计算机设计大赛、全国大学生网络技术大赛、全国信息技术水平应用大赛（ITAT）、大学生程序设计大赛（ACM）、河南省青年软件设计大赛、挑战杯竞赛、互联网＋大学生创业大赛、职业生涯规划大赛等。并根据本校实际，设立大学生科技创新基金，强化创新能力培养环节，提高学生的创新意识和能力。每项大赛虽只侧重计算机学科的 2 ~ 3 个不同的方面，但整个竞赛体系基本涵盖了计算机学科的核心课程以及双创能力训练课程。

构建网络教育平台。运用云计算、"互联网＋"等现代信息技术构建网络实践教学平台，将网络实践教学平台中各种资源虚拟化后以服务的方式通过云端提供给用户，随时按需获取，具有实时、可靠、灵活的特点，能方便快捷为广大师生提供各种高质量的教育服务，改变传统的教学和学习方式，突破时间、空间、地域限制，提供全方位的答疑解惑渠道，同时还为教师和学校提供自动分析工具，有利于改进教学质量及策略。

四、人才培养初步成效

经过几年的努力，郑州航空工业管理学院学生的双创能力培养取得了一定成效。竞赛参与人数、获奖数量和层次稳步提升。2016 年全年，学院组织 110 余人次参加了"中国大学生计算机设计大赛"、"首届互联网＋创新创业大赛"等 12 项省级以上的创新创业大赛，共获国家级奖项 18 项、省级奖 30 项，有 40 人次申报了校内大学生科技创新项目获准立项。考研升学率高，就业质量也较高。有 15% 的学生考取硕士研究生，卓越班的 30 名学生具有较强的创新能力和就业竞争力，就业形势较好。学生创业意识逐步深入，典型案例示范明显。已创业成功的 4 名学生，业务发展迅速，并吸收了多名学生就业，在学生中起到了较好的示范作用。

社会发展迅速，技术更新频繁，双创型计算机人才的培养模式，需要理论和实践的结合。要根据国家发展需求，结合人才培养规律不断完善，制定多元化的培养模式才能够培养出高素质的双创型计算机人才。

第五节 基于"工匠精神"的高职计算机人才培养

高职教育以培养高技术高技能型人才为核心目标，而敬业精神和敬业精神是工匠精神的核心，同时也是对"工匠精神"的最好传承。因此高职教育不仅要重视学生在专业技术能力上的培养，同时要关注学生职业精神的灌输与养成，在教育教学的日常过程中让"工匠精神"逐步渗透到学生的骨髓里，潜移默化地熏陶学生、感染学生，使之成为学生自身的一种职业素质，让这种能力成为学生进入社会创业就业的核心竞争力。

企业进行个性化定制，灵活生产，培养卓越的匠人精神，从而提高品质，创造品牌是必然选择。在这里，工匠精神和个性化定制是灵活相结合的，也是共同生产、共同发展的，这表明随着互联网信息时代的到来，工匠精神是历史发展的必然结果。

一、工匠精神的内涵及其历史

工匠精神是指工匠以极致的态度对自己的产品精雕细琢，精益求精，追求更完美的精神理念。

中国从古代手工业时代开始就有了工匠精神，当时由于没有机器，人工手工制作流程比较单一，工艺也简单，工匠们经过长期的修改、磨炼，让自己的产品逐步完善精练。

工业时代相比手工业有部分差异。第一，工业上的产品要注重与市场上同类产品的通用性和行业的兼容性，即俗话说的"同一模子刻出来的"。其次，在工业生产中，工人只需要对生产该产品的某一工序负责，可能对整个产品特性甚至流程都一无所知，而工匠就不一样，他要对该产品整个生产流程了如指掌。

在信息社会，人们对低质量、廉价、单调的产品越来越不喜欢，个性化才是人们的追求，定制服务从而得到广泛的认可。这就要求产品不仅要具备工业化的市场通用性，而且还要有自身的创新，满足人们的个性化需求。

在如今互联网信息盛行的年代，企业还是需要坚持工匠精神，具体原因有：

首先，我国制造业进行转型升级要求我们必须要有工匠精神。我国要想实现从"制造大国"到"制造强国"的本质蜕变，必须将原有的"仿造"式的产业结构逐步转型升级为自主创造。在这一过程中我们必须依靠众多工业人才的创新思想和工匠精神才能实现。

其次，工匠精神，是贯彻执行我国"一带一路"的强国方针，是让中国产品走出国门，走向世界的有力基石。目前，标有"made in china"标识的产品在国外市场也屡见不鲜，但往往由于价格便宜，质量低劣遭到国际市场的质疑。那么，中国产品要在国际市场竞争中占有一席之地，关键是要注重质量的提升，因为质量是产品的生命，也是影响产品市场竞争能力最重要的因素。惟有充分弘扬匠人精神，培养大量高技能高素质的中国匠人，善于从细枝末节中发现需求，才能创造优质的产品，进而创立品牌、名牌，从而让中国产品"走出国门，走向世界"。

再者，人们日益多样化、个性化的生活需求决定我们需要工匠精神。李克强总理曾经说过，我们要支持各大公司企业为满足客户需求进行个性化定制服务，从而实现更加灵活的生产，提供更有针对性，更细致的服务。培养越来越多的具备追求卓越工匠精神的技能型人才，必将成为一种趋势。

众人周知，高职毕业生是企业一线技术工人的主要来源，因此高职教育与企业发展两者相辅相成；这一部分技术人才也将成为社会的中坚力量，与国家繁荣发展也是密不可分的，倡导"工匠精神"显然不能缺少高职教育。目前，有很多高职学校对学生"工匠精神"的培养没有引起相当的重视，学校只顾一味地强调传授学生专业知识技能，而忽视了职业素质的培养。我们必须转变观念，使"工匠精神"点亮职业教育的"灯塔"，慢慢深入到高职教育的内部，从而从源头影响企业，然后逐步推动国家经济创新型发展。

二、高校人才培养中倡导"工匠精神"的必要性

如今，我国正处于从"制造大国"向"制造强国"转型的关键时期，迫切需要一批具有工匠精神的高技术创新意识和技术水平的建造师，高职院校作为传承"工匠精神"的前沿阵地，在教学改革中更应该把工匠精神充分渗入进来，逐步实现培养真正意义上具备高素质、高技能型人才的高职教育终极目标。

现在，很多企业在招聘员工时更看重求职者的工作态度，敬业精神——对工作一丝不苟、追求极致的"工匠精神"。因为技能和经验可以在工作中慢慢积累，但是企业对员工工作态度、敬业精神等品质是要求入职前就必须具备的，在企业繁重的工作环境中，员工的"工匠精神"也很难塑造。高职院校要培养出企业所需求人才，显然需要建立健全相对应的理论课程体系，对学生进行系统的指引和训练，在教学实践中锻炼学生这一品质。

提起"工匠精神"，一般人总能和德国工业、瑞士手表等联系起来，这些国家之所以能成就这么有名的产品，正是因为他们内心有了对"工匠精神"的敬重和坚持。据统计，截止到2016年，全世界创办到现在有200年历史的公司，德国有1025家，日本更有3132家，全球数量最大。这些公司之所以能经久不衰，原因在于其把"工匠精神"写入了企业文化，并进行了有效的传承。就德国而言，除梅赛德斯奔驰、宝马、奥迪、西门子等知名品牌外，还有数以千计的中小企业，其中绝大多数具有自己的独门秘诀，并且能够把自己的优势发挥到极致，最终才成为各个领域的"佼佼者"。中国历来也有很多传统的工匠、技艺，但随着人们生活节奏的快速发展，忽略了"工匠精神"的传承，导致很多企业只注重利润，忽略品质，员工也无可奈何，新生代90后高职学生又是受网络影响最大的一代，对新生

事物保持着无限向往，而对传统思想缺乏应有的传承和认识。

在中国，企业昙花一现的现象也时有发生。虽然我们有很多"工匠"的传说，但现在经常被功利的文化取代，什么都要求利益最大化，从而忽略了品质的提升，这种"差不多""无所谓"的文化甚至成为工厂和很多人的工作态度。如果这样的文化氛围再持续下去，"工匠精神"最终必将走向衰落甚至灭亡。可以想象，如果让心智还不成熟的高职学生在这种企业环境中成长，对其人生观和价值观的树立会产生不良影响。因此，企业也要率先改变观念，与高校合作，共用创造部分具有国际影响力的中国品牌，让即将步入工作岗位的高职学生懂得敬业与技术的重要性，让"工匠精神"充分融入高职教育中，并以培养职业工匠人才为己任。

现在高职院校一直以就业率为办学宗旨，而忽略了学生专业对口问题，导致很多学生步入社会不能发挥所长，工作不专不精，这些都要进行及时修正。对学生"工匠精神"的培养，需要校企合作，共同努力，教育学生敬畏和尊重工匠，使其成为学生的偶像；同时在社会层面，国家也应有相应政策支持，让工匠得到全民的尊重，体面工作；也确保工匠不再为生计发愁，提升"大国工匠"的高度力量和魅力，这才是民族的希望，国家的未来。

三、基于"工匠精神"的高校计算机人才培养模式

（1）"工作室"系统和"导师制"系统为学生"工匠精神"提供培训工作室系统和辅导系统，让学生集体学习，打破传统教师授课、学生听的教学模式，可以引入真实的软件综合案例，让学生集体学习、分组创作，导师担任项目指导和辅助的角色，是"工匠精神"计算机人才培养的最佳选择。工作室的概念源于二十世纪初包豪斯设计学院，其主张基于过程的教育，培养具有较高技术理论和掌握工艺技巧的复合型人才，并通过改造职业教师工作室以达到培养高素质计算机应用型人才。工作室的教育制度与传统的封闭式教学机制不同，有开放的教育教学环境和明确的专业方向和风格特点。教师和学生在工作室中相比起传统授课要更加轻松，更加互动，真正做到了以学生为中心的教学。

导师制是传达工匠精神的最佳方式。它开始于英国牛津大学和剑桥大学，后来许多国家高等教育以之为例。在牛津大学，每一个新生报到，学院给他安排一个导师。导师一般是从专业教师中选拔出来的，专门负责引导学生学习和行为，其实这跟我们中国传统的师徒关系很相像。导师制度最突出的特点是双方以身示范、言传身教，这种模式有利于学生按照个人的兴趣爱好深入发展，避免学生盲目发展和片面发展，导师在辅导学生的同时，自身也被辅导着，有利于认识到自身劣势并不断改进，用榜样的力量带动他人，影响学生素质的养成。导师制系统和工作室系统的共同实施有利于培养和建立计算机人才的基本技能和专业精神。

计算机专业人才培养采用"小作坊"的模式，能够将学校教学与工作内容充分衔接，为人才培养注入了新的血液。"小作坊"一般由教育教学经验丰富的老师和企业一线专业

工程师共同管理指导，发挥将课本知识和实践经验同步结合的优势，让学生在"小作坊"模拟真实的工作环境中，培养其技术能力与职业素养。

（2）"产学研协同创新"能为高职教育"工匠精神"培养提供无限机会。

大学与企业合作，通过相互影响，可以改善各自的发展潜力并达到双向合作的目的。在整个过程中，高校和相应计算机企业，都必须按社会的需要进行改革，无论是和企业联合培养人才，还是联合科研，都将保证系科划分和专业调整和改革，两者发挥各自的优势使之得到均衡发展。在校企合作中，学生可以更加重视项目过程中的技术教学和实践培训，重视其创新创造能力和学习能力，有利于学生吸收企业的规范化管理模式和企业质量要求，学以致用很好地锤炼其"工匠精神"。

（3）高职院校除了与企业对接，还应与相关科技园区保持密切联系并合作，寻求机会参与到企业产品开发创新和市场运作中，也可通过人才孵化器实现创新技术的转化。广东省每年都有上万计算机专业毕业生，但普遍存在就业难、专业不对口，高不就，低不择的困境，究其原因是因为没有项目经验。人才孵化器能在短时间将已具备一定理论知识、算法基础的计算机专业毕业生培养成有项目经验，可以和企业对接的合格人才。人才孵化可以通过"企业模拟舱"等教学方法，加强学生理论与实践的同时，通过实际项目让学生了解掌握最新的开发技术与项目开发经验技能，使他们一毕业就很快地过渡进入到企业实际工作中，成为有实际项目经验的实用型软件人才。

"工匠精神"体现了专业技术人员的态度，技术精湛的高职计算机人才培养理念，体现出日益重要的含义。高职院校可以对各类教育资源进行归集整合，结合国外较为流行的小作坊系统和导师制，对现有教育教学体系进行改革，着重培养学生的"工匠精神"，以产学研创新使学生通过设计实践来提高"工匠精神"的意识程度；以孵化器为高职计算机人才实践"工匠精神"的保证。

第六节　基于创新创业能力的计算机人才培养

目前，高校对于人才培养主要是围绕理论知识和专业基础知识展开，而忽视了实践教学以及学生综合素质的培养，然而当代社会对人才的要求更加注重其实践应用能力以及创新创业能力，高校人才培养的目标和社会对人才的需求出现了一定的偏差，那么怎样培养出满足社会需求的应用性创新人才就成为高校人才培养必须重点研究和探讨的课题。对基于创新创业能力的计算机人才培养模式的相关问题进行分析和探讨，以期推动教育不断发展和进步。

随着社会经济的发展和社会的进步，社会对于人才的需求也在不断地发生变化，国家大力提倡创新创业，旨在更好地服务社会，为社会创造出更多的社会价值和经济效益。大学生是创新创业的潜在群体和主力军，因此，在高校开展创新创业教育成为落实科学发展观、构建文明社会、促进国家建设发展重要策略，不仅是新时代背景下高等教育教学改革的需要，同时也是培养学生创新性思维，提升学生实践探究能力、分析问题、解决问题等综合能力的重要途径，为大学生今后的就业打下稳固的基础。下面就针对计算机专业培养创新创业能力的人才培养模式进行系统的研究。

一、高校计算机专业创新创业人才培养目标

培养创新型人才主要是以围绕创新创业能力为核心目标，培养具有创业能力的新型人才。对于创新型人才的要求，一方面要具备一定的创新能力，另一方面还要具有较强的创新素质，更好地适应创新型岗位。所以，高校对于计算机专业人才的培养目标主要就是围绕"创新意识、创业能力、创业品质以及创业社会基础知识"展开，落实并实施人才培养目标。

第一，具备扎实的专业基础知识，培养具有扎实专业技能的专业化人才。计算机专业对于人才的培养目标主要是服务于企业，为社会创造源源不断的有价值的应用型人才。学生必须在掌握专业知识的基础上，逐渐培养其创新性思维，只有拥有完善的理论基础知识，创业教育工作才能顺利有序地开展，否则，创新创业将无从谈起。显而易见，培养学生的扎实的专业基础知识功底是创新创业教育教学工作开展的重要前提和必备条件。

第二，引进来，走出去，培养具有丰富的实践经验的创业人才。创业必须要通过亲身实践和经历来不断学习、积累经验，提升各方面的能力。相对而言，学习的知识比较系统、全面，锻炼学生的社会实践能力就必须通过实际的实践活动来完成，学生在学习完基础的计算机理论课程后，通过采用"引出来，走出去"策略，根据计算机专业的特色，为学生提供实践操作的平台和机会，让他们能够在企业实习中，将所学的知识加以运用。同时，学生可以在实际的实习和实践操作中充分发挥自身的优势，培养学生的创新创业能力。

第三，注重能力和品质的提升，培养德才兼备的创业型人才。计算机专业对于学生的实践操作能力有着比较高的要求，创新性人才一方面要求要有扎实的专业技术功底，另一方面还需要具备良好的品行和素质。因此，在实际教学过程中，应该注重培养学生的综合素质，不仅要在知识和学习中不断创新和突破，同时还要塑造其良好的人格，锻炼其心理素质，保持积极向上、敢于挑战、勇往直前、直面困难的精神和品质，这样才符合现代社会对计算机创新创业型人才的要求和标准。

二、基于创新创业能力的计算机人才培养策略

（一）课程体系建设

1.开设创新创业类课程

构建计算机专业课程体系，必须将创新创业类的课程纳入进来，开设一些有关创业的

必修课程和选修课程，主要围绕如何创新、如何创业等理论知识。重点培养学生的创新意识和创新思维，如创新创业指导、创业创新管理课程、创业心理与技能等。学生在刚刚接触到专业课程时就可以将开设这类课程，让学生对创新创业的基本知识有了初步的学习和了解，树立创新意识。在学生对计算机的专业有了系统的学习后，大三、大四阶段可以开设一些相关选修课程，如商业计划书、企业成长战略、创业机会识别等，为学生毕业就业以及今后创业奠定良好的基础。还可以进行实际演练，让他们亲身体验创业过程，将理论知识和实践活动有效的结合，可以达到非常好的学习成果。

2. 创新创业课程与专业课程相互渗透

如果能够将创新创业课程和计算机专业课程的有效融合和相互渗透，不仅有利于专业课程从创新创业课程中吸取精华，同时也可以有效推动计算机专业课程的进一步优化和完善。可以在大一到大四的每个学期一次开设暑期企业参观、暑期企业实习、专业实践、项目案例分析这些课程，这些课程都可以在假期或者实习的过程中来完成。此外，还可以开设一些有关计算机技术背景、发展动向以及取得的优秀成果的课程，比如当前计算机研究热门课题、高新技术应用，让大家能够及时地掌握最前沿的计算机技术信息，不断更新自己的知识结构，拓宽自己的知识面，为以后的创业提供良好的条件。

（二）课堂教学建设

1. 在教学方法上不断创新

在教学中，教学内容、教学方法以及课堂的环节的设置，教师要讲创新创业教育逐步渗透进来，同时还要善于借助计算机辅助教学手段，建立全面、系统的教学方法。比如项目驱动法，其在计算机教学中有着非常广泛的应用。整个教学活动可以围绕由教师和学生共同来完成一个具体的项目而进行，比较常用在计算机程序设计课程中，先由一个简单的模块功能入手，然后通过进一步的学习，对内容进行补充和拓展，由简到繁、由浅入深、层层递进，然后完成一个完整的程序。运用项目驱动教学法的过程中，必须要根据教学的内容设置明确的目标任务，然后结合实际生产经营，大家通过实践探究，提升其分析问题、解决问题的能力，获得不一样的学习体验和感受，通过自身实践，感悟和体会理论和实践之间的差别和联系，从而对学过的理论知识能够运用自如，达到学以致用的目的。

2. 加强实践教学环节，增强学生理论结合实际的能力

计算机专业重点培养学生的实践动手操作能力，这也是计算机专业本身的一个特色，通过创新创业实践活动和专业实践教学有效融合和渗透，实现在学中做、在做中学的教学模式。学校应该加强和周边区域内的相关的软件园或者高新技术企业的合作，为学生提供更加广阔的实践渠道和平台，建立开放性的实验中新和实习基地，能够让学生有更多可以亲自体验和实习训练的机会。创建一个集开放性、综合设计能力为一体的实训环境，提升学生的创新能力和实践应用能力。此外，还可以将毕业设计选题和具体的项目结合起来，

不仅可以使学生在整个学习和实践的过程，提升其创新能力，同时又能使他们更好地适应并有效解决实际工作中可能会遇到的问题。

（三）师资队伍建设

建立高、精、尖的师资队伍也是高校开展创新创业教育工作的重要前提，因此，还应该在教师的选拔、引进以及培养等方面不断完善和落实。学校应该加大力度聘请和选拔创新创业教育的专业化教师，拓展人才引进的渠道和途径，通过和企业的合作，从企业中聘请一些专业人士来进行交流和学习，开展讲座、论坛等，向学生分享一些创业成功的例子和经验，从而有效弥补了教师在实践这一部分中的欠缺。其次，学校定期开展创新创业方面的教育培训活动，对专业教师进行指导和交流，使他们能够系统全面地对创新创业的教育思想、理念和方法里进行理解和掌握。此外，学校应该大力提倡和鼓励更多的教师能够积极加入到计算机专业方面的研讨会中，通过学习和交流，能够准确把握计算机专业的最新的技术、科研成果，了解最前沿的信息，及时地更新自己的知识体系，进一步完善和改进计算机专业教育教学工作。

（四）创新创业教育环境建设

1. 开展创新创业知识讲座

通过开展知识讲座，来让学生更加系统全面地了解创新创业方面的知识，填补了理论课程中涉及不到的实践部分的空缺。通过有效借助可利用的资源，丰富讲座的内容和形式，确保讲座的定期性以及制度性，有效激发学生的学习动机，培养他们的创业意识和积极性。

2. 开展创新创业实践活动

善于借助和利用周边的可利用资源，挖掘和建立校园内的创业市场，真实还原创业环境和市场环境，为学生搭建创业平台，开展创业活动，比如网购、系统维护、网站运营等等，使学生能够在学校就开始进入创业的萌芽期，为今后步入社会的创业创造一定的优势和条件。

3. 开展创新创业类的比赛

学校应该定期地开展一些围绕"创新创业"为主题的比赛活动，让学生发挥自己的特长，充分挖掘自己的潜能，树立良性竞争意识，通过比赛来加强团队协作能力，不断获得和积累创新创业的经验和方法，培养他们良好的心理素质，通过相互学习和交流，共同进步，共同提升。

总而言之，在高校积极推行并落实创新创业教育的背景下，计算机专业也应该将其作为专业人才培养的重点，不断完善创新创业教育课程体系和教学体系，逐步实现计算机人才培养模式的立体化、多元化、系统化、全面化，积极探索出计算机专业人才培养的新路径，培养出适应于社会发展的计算机专业的创新创业人才，推动教育事业的不断发展和进步。

第七节　基于校企合作的计算机人才培养

校企合作教学背景下，高职院校在对人才培养模式进行改革创新的过程中，应该对计算机专业人才需求进行充分分析和考察，并明确人才培养路径，以促进人才培养质量的提高。从校企合作人才培养模式入手，对校企合作计算机人才培养路径的构建进行了系统的分析，以期促进教学现状的改善和学生综合素质的培养，为学生未来发展提供坚实的保障，真正将学生培养成为能够适应企业发展、为企业建设贡献一定力量的人才。

新时期，随着高校教育改革的逐步深化，在人才培养过程中如何面向市场需求培养高素质人才，已经逐渐成为学校教育教学工作的必然选择，受到高校相关教育工作者的高度重视。所以，结合新时期的新状态，十分有必要对高校人才培养模式进行改革研究，促进人才培养质量的提高，进一步增强学生的毕业竞争力，为学生的未来发展提供相应的支持和保障。唯有如此，高校所培养的人才才能够与市场需求相适应，在社会建设方面贡献相应的力量。

一、校企合作人才培养模式

对校企合作人才培养模式进行系统的分析，主要指在教育教学实践中，企业和学校进行有机合作，在办学模式的构建过程中，企业作为出资单位，为学校的人才培养工作提供相应的支持，而学校按照企业的人才需求对人才培养工作进行适当的调整，增强所培养人才与企业发展的契合度，促进企业和高校之间人才培养资源的优势互补，有效推进学校和企业的协同发展，为企业建设提供相应的人才保证。对计算机专业发展需求以及人才培养现状进行统筹研究发现，近几年受到教育改革全面推进的影响，计算机专业教学质量进一步提高，学生的综合素质也得到了一定的强化，对学生未来就业产生着相应的积极影响。但是综合研究发现，在教学实践和人才培养工作中仍然存在一定的问题，严重限制了学生专业素质的培养，使学生的岗位适应能力受到极大限制，在学生进入工作岗位后自身所学与企业岗位需求适应度偏低，无法获得企业的满意。所以，新时期背景下，十分有必要对计算机专业人才培养模式进行改革创新，并积极探索相应改革措施，从而使新时期所构建的校企合作人才培养模式能够增强学校教育和企业需求的联系，实现学校和企业的有效对接，促进人才培养质量的全面提高，为学生的未来发展提供相应的保障。在计算机专业人才培养过程中，必须高度重视校企合作人才培养模式的构建和人才培养路径的探寻，以便促进人才培养质量的全面提高，为学生的未来发展奠定坚实的基础。

二、校企合作计算机专业人才培养路径探索

在市场经济呈现出不断变化发展态势的社会背景下，计算机相关知识的更新换代速度进一步加快，对计算机专业人才培养工作提出了更高的要求。计算机专业人才培养工作进行改革创新势在必行。应该结合校企合作模式对计算机专业人才培养路径进行探索，以便为计算机专业人才培养工作的全面优化开展创造良好的条件。

（一）对人才培养目标进行改革创新

基于校企合作人才培养工作的实际需求，在对课程标准进行制定的过程中应该适当地降低理论知识部分的教学难度，而积极组织学生参与实践教学，希望能够借助实践教学引导促进学生积极参与到教学实践活动中，为学生深入系统学习相关知识提供有效的引导。在具体教学活动中，结合学生的未来发展需求，教师可以适当地对教学目标和人才培养目标进行改革创新，结合计算机专业的具体特点突出教学特色，从而为校企合作教学模式的构建和教学活动的全面优化开展提供相应的支持和辅助。例如，在计算机多媒体专业对教学目标进行设计的过程中，就可以将图形图像处理、影视后期处理、三维动画制作等方面的专业素质培养作为人才培养目标，希望能够将学生培养成为适应当前我国影视制作专业发展的优秀人才。而图形图像制作专业在对人才培养目标进行设置的过程中，综合分析企业发展需求，在统筹企业意见和学生未来发展综合因素的基础上，尝试将教学目标和人才培养目标设计为培养学生的图形图像设计能力、计算机广告设计能力、计算机辅助设计能力等，以便学生在毕业后，经过系统的指导，能够与企业发展相适应，真正进入到企业中工作，为企业建设贡献出一定的力量。

（二）对人才培养计划进行改革创新

统筹分析当前我国计算机专业人才培养现状，发现对计算机人才的培养时代性不足，学生的综合素质无法与企业对人才的需求相适应，对人才培养质量的提升产生了一定的限制性影响。在校企合作下，为了进一步增强人才培养工作的科学性，为企业发展贡献一定的力量，就应该对人才培养计划进行适当的调整，突出人才培养计划的科学性，促进学校人才培养工作与企业发展有效对接。在具体操作方面，学校要在综合分析企业人才需求的基础上对人才培养体系、公共基础课程安排进行统筹分析，并为学生提供相对专业的教学指导，适时对时代发展过程中已经落后的技术性教学内容加以淘汰，突出学生实战能力的培养，并且尽量为学生提供一些限选课程和自主选修课程，让学生能够结合自身兴趣爱好自主选择相关课程，实现对学生综合素质的培养，为学生的健康成长提供相应的支持和保障。这样，通过对人才培养计划进行系统的解读和调整，所培养的人才就能够逐渐与企业发展需求相适应，人才的科学性和适用性也有所增强，为学校计算机专业的发展和企业的未来发展提供相应的保障。

（三）构建校企合作人才培养模式的具体措施

结合校企合作背景下高校计算机专业人才培养需求，在构建了相应的教学目标和教学计划体系后，要想实现对人才培养模式的建设，就应该积极探索相应的教学改革措施，为学生的未来发展提供建设的保障。

首先，积极探索订单式人才培养工作。在校企合作办学模式下，学校计算机专业在加强人才培养工作的过程中，必须积极转变过去僵化的、以课堂为中心的人才培养模式，而是要积极推进工学结合的人才培养措施，希望能够通过学校和企业的深度合作为人才培养工作提供相应的指导，增强学校计算机专业人才培养的科学性和系统性，为学生的未来发展提供坚实的保障。基于此，在具体操作实践中，学校应该对企业的发展情况、人才需求情况等进行全面系统的分析，并深入企业，在企业内部开展调研工作，与企业协同制订人才培养方案，并在专家的指导下、一线教师的参与下共同完成对教学项目的开发。这样，所培养的人才能够准确定位自身岗位工作，在毕业后才能够积极投入到所学专业中，学以致用，实现对高素质人才的培养。同时，在制订人才培养工作方案的过程中，应该明确人才培养目标和大致的培养方向，并结合专业发展方向和课程特点等对课程进行适当的调整，突出学生的就业竞争力，为学生未来发展提供相应的支持和保障。

其次，加强对实训基地的建设和合作。在计算机专业人才培养模式中，实训基地的建设在提高学校教育质量方面发挥着至关重要的作用，在提高人才培养质量方面也发挥着关键性的作用。所以，在人才培养工作中，应该结合校企合作需求，在企业的支持下构建学生实训基地，学生在完成对基本知识的学习后能够借助综合实训提高自身专业实践能力，为学生的未来发展提供相应的支持和保障。同时，学校应该明确认识到，在构建校企合作实训基地的过程中，学校应该注意加强与企业的合作，不仅关注对学生的专业能力和职业能力加以培养，还要重点关注学生职业道德素质、团队精神和社会责任等综合素质的培养，保证学校所培养的人才能够得到企业的认同，在毕业后真正能为企业建设发展贡献一定的力量。唯有如此，在实训基地的作用下，学校人才培养质量才能够得到显著的提高，在促进学生个人发展的同时，也为地区经济发展贡献一定的力量。

最后，加强对"双师型教师"师资体系的构建。在校企合作背景下，企业要想提高人才质量，促进人才培养工作的全面优化开展，还应该加强对师资力量的建设，结合校企合作人才培养工作的需求打造双师型教师队伍，同时兼顾学生专业能力和职业素养的培养，使学校所培养的计算机专业人才能够与计算机相关企业的发展需求相适应。同时，在加强师资体系构建的过程中，学校也可以积极邀请企业中的技工人员和管理人员到学校中开展讲座活动，对学生的学习提供专业指导，让学生能够对个人未来发展形成正确的认识，从而促进教学现状的改善和学生培养质量的提高，为学生的未来发展贡献相应的力量。只有这样，学校计算机人才培养工作才能够呈现出新的发展状态，整体人才培养质量也必然会显著提高。

综上所述，在当前教育背景下，学校在积极探索人才培养工作改革创新的过程中应该正确认识校企合作的重要性，并结合校企合作的具体需求对人才培养工作进行系统的革新和调整，希望能够循序渐进地改善人才培养现状，为学生的健康成长提供相应的保障。同时，在校企合作人才培养模式的作用下，学校也更为关注学生职业道德素质和规范职业素质的培养，希望学生能具备良好的语言表达和沟通能力，能够真正适应校企合作人才培养工作需求。

第八节　国际化创新型计算机人才培养

本节以大连理工大学城市学院为例，从培养目标、培养方案、课程体系、师资培养、办学条件和科研竞赛等方面综合分析培养国际化创新型计算机人才的实施途径。

一、树立国际化人才培养目标

建院十余年来，学院始终坚持贯彻"以学生为中心，理论联系实际"的教育理念，突出学生的个性化培养，努力做到"面向全体学生服务，关注每一个学生成长"，将提高教育教学质量，提高学生的综合素质作为学院的核心工作。在 2013 年的学院领导暑期工作会议上，学院匡国柱院长正式提出了国际化人才培养的目标，并强调了外语的重要性以及在各个专业的培养计划中列出相应的选修课程组等问题。如何提高学生的英语沟通能力，如何引导学生的讨论气氛以及团队合作意识，是国际化人才培养能否成功的关键。教学副院长张明君教授阐述了国际化人才应该具备的基本特征：宽广的国际化视野、熟悉本专业国际化动态和趋势、较强的跨文化沟通能力和活动能力、国际资源的获取能力、国际化的创新意识。学院的国际化人才培养工作正式启动。

二、实施多元化人才培养方案

根据多年的办学经验和学生的实际特点，学院实施人才"多元化"培养。其核心内容是遵循因材施教的教育原则，为学生提供可以依据个人意愿选择适合自身特点发展方向的教学服务，比如：学生可以选择具有较深厚基础理论知识，具备进一步接受硕士、博士研究生学历教育能力的发展方向；也可以选择具有较宽知识面，较强实践能力和职业竞争能力的发展方向；还可以选择具有较强外语能力，能适应出国学习或就业外向型的发展方向。学院实施"多元化"人才培养理念的内涵，旨在让学生对自己未来的发展进行理性的思考，根据自身的特点、兴趣和爱好以及掌握基础知识的情况，及早确定自身的发展目标，并为之努力奋斗。

三、完善系统课程群体系

课程国际化是高等教育国际化的主要内容之一。在课程的定位和设置上，要开拓课程的国际视野，将全球化及相关问题作为探讨主题，酌情考虑开设有关其他国家文化语言的课程。高等教育中学科培养目标、教学计划和课程设置也应随着应用领域的变化而不断地调整、巩固和完善。

学院将计算机科学与技术作为一个专业设置。经过多年的积累和完善，并结合培养国际化计算机人才的目标进行了修改，形成了一套完整的教学体系，学院推行"1+N+M"多证制：1指一个文凭，即毕业证书和学位证书；N指N个证书，如软件工程师证书、网络工程师证书、嵌入式工程师证书等；M指M个作品或专业能力竞赛成果，如单片机作品、嵌入式系统开发实践作品以及参加国内外各种大赛的成果等。"1+N+M"多证制即是检验学院教育教学成果的重要指标，同时又是实施多元化培养方案的重要途径。

四、开放实验室管理

学院目前有计算机组成原理实验室、嵌入式系统实训室、机器人创新实验室、数字信号处理实验室、单片机应用实训室、传感器技术实验室、电子元器件展示室、电子产品设计实验室、计算机控制技术实验室等多种类实验室。其中嵌入式系统实训室是学院与中国电子学会共建实验室，被认定为中国电子学会嵌入式系统工程师认证培训中心，计算机组成原理实验室有EL-JY-II实验平台64台，单片机应用实训室有自主设计的单片机创新开发板60套。所有的实验室都可以实行开放管理，为学生投身实验实践提供了良好的平台。

五、积极参加计算机类创新大赛

学院将创新实践中心作为一个独立的部门来设置，专为组织学生参与各种赛事提供服务。连续几年来，在创新实践中心主任金建设教授的指导和带领下，数百名学生参加了国内外的各种设计大赛，多次获得各项重大赛事特等奖、一等奖以及其他奖项。2014年12月13日获得全国高校移动互联网应用开发创新大赛全国总决赛一等奖一项；2015年4月8日获得微软"创新杯"东北区域赛决赛特等奖一项；2015年6月14日获得第十一届"博创杯"全国大学生嵌入式设计大赛辽吉赛区特等奖两项、一等奖一项；2015年8月19日获得第五届"赛佰特杯"全国大学生物联网创新应用设计大赛全国总决赛一等奖一项。学生参加国内外的大型创新实践活动，既提高了学校在国内外的知名度和影响力，又培养和提升了学生的职业竞争力，增强了学生的国际化意识。

六、实施创新型计算机人才培养方案的措施

（一）全面提高专业建设水平

专业建设在实施人才培养目标中有着举足轻重的地位。计算机科学与技术专业的建设必须紧紧跟上国内国际技术快速发展的步伐。在专业课程中，选择一门或多门创建"英语＋专业"的精品课建设、强壮师资队伍、及时更新教学内容和教学理念、通过建立课程网站丰富教学资源、加强实践教学基地建设。在创建精品课的过程中，网站建设可以增加英文版或者通知公告英文化，及时更新授课教材，使学生能掌握与自己专业密切相关的英语知识以适应进一步学习或工作需要。

（二）建设具有国际化视野的多元化教师队伍

高校教师是人类文明的传承者和优秀文化的传播者，他们的积极性和创造性决定着大学的坐标。所以，每一所高校都在坚定不移地实施以教师为主体的人才强校战略。按照大学聘任的国际通则，学院师资中的研究生学历和博士生比例需要大力提升，师资队伍的国际理解水平和跨文化交际能力也需要大力提升，而且需要适当地引进专业外教创建纯英文的专业课程模块，邀请世界名企的优秀计算机人才到学校做专题讲座。同时教师在教学和科研中也要有国际化思维，并开创国际化成果，使学校因国际化成果而闻名。另外，聘请一批企业专家到学校做兼职教师，建设以自有教师为主，兼职教师为辅的专兼结合、结构合理、优势互补的多元化教师队伍，是培养国际化创新型人才的必由之路。

（三）推进与相关企业的深度合作

每个企业都有自身的运作模式和企业文化，企业员工只有融入公司的文化氛围中，才能更好地发挥个人潜质，为企业和社会创造更大的财富。通过校企合作、校内外实训基地的实践教学，学用结合、学做结合、学创结合，切实提高学生就业能力、创业能力和创新能力。

第九节　实验课程体系改革促进双创型计算机人才培养

随着知识经济的到来，高等教育在经济社会发展中的重要功能明显突出。国家大力度支持创新创业教育，传统的高等教育功能也遭遇挑战，探索高等教育的创新功能已成为社会发展的必然，关乎国家竞争力和整个中华民族的伟大复兴。在城市迅速的发展，城市中的人口不断地增长的情况下，我们国家为了更好地提升市民的生活水平和生活质量。信息化的技术已经是不可缺少的角色。在信息化迅速发展的时代中，城市生活也通过信息技术结合在一起。为了城市市民提供便捷的同时，也在科技方面得到了飞快地提升。智慧城市

的推广为市民带来了更加便捷和舒适的生活，为城市管理者的协调管理等多方面工作提供了辅助和协调的功能。深度强化高等教育的创新创业教育的改革，提高人才的创业就业的能力。推进"互联网时代培养更出色的计算机技术人才。"从成立创新创业的实验课程体系改革为基础，实施高等人才的创新创业的竞赛计划，信息时代的双创型计算机人才培养模式，有效提高计算机专业学生创新能力和创业热情。

信息时代的进步，科技的变化和人们知识水平的提高都不断地为了智慧城市的建设打下了良好的基础，目前，智慧城市在以迅雷不及掩耳的速度飞快地走向我们。在科技信息技术的快速发展中，城市居住的人们所使用的交通方式、生活模式、工作环境以及每一个基础设施都有着前所未有的方便和快捷。我们国家的智慧城市建设重要前提便是对双创的人才培养。因此，为培养更好，更杰出的双创人才，我们开发了实验课程体系的改革。通过改革前后的对比，看出国家能够留住一个创新的人才就很有可能带动整个企业乃至国家的未来发展，失去一个高端的人才就会让企业和国家停滞不前。甚至落后。

一、实验课程体系改革

（一）思想的转变

实验课程体系的改革主要是思想的转变。更进一步的规范了课程管理。课程过程中注重了对人才的培养和突出个人能力的培养。实验课程体系有力的强化了课程上的建设。完善了课程的基本学习质量标准。重点强调了课程的核心内容，优质的改革促进了对人才有力的培养。电子时代，信息技术是无法学到顶端的技术，不断地更新，不断地进步推动着人才不断地学习。因此。实验课程体系的改革正是促进创新型互联网人才培养。

（二）加强教学的师资力量

加强课程组及课程负责人队伍建设和教学团队建设，鼓励学术水平高、教学经验丰富的教师主持课程建设工作，形成一支结构合理、师德高尚、教学水平高、教学效果好的教师队伍。通过引进、顶岗挂职锻炼等方式，增强教师实践能力；增加具有行业背景和行业经验教师数量；实施青年教师教学能力提升工程和教学团队，提高青年教师教学能力与水平，培养一批教学名师和优秀教学团队。

二、促进创新创业的开发

（一）以市场为导向

时代的进步，计算机技术被广泛地应用。智慧城市建设人才开发主要是为适应市场的需求，根据智慧城市人才需求结构，构建完整的、分层次的智慧城市建设人才培养体系。另一方面根据智慧城市建设技术发展的需要培养人才。

（二）以素质为目标

在互联网和计算机软件人才培养中，我们国家更注重培养人才的综合素质和快速的适应能力。互联网和计算机软件教育课程都在不停地更新。能够跟进时代的要求和社会需要。主要体现在：一是注重知识面培养，不断拓宽学生的知识面；二是注重学生沟通能力和演讲能力的培养；三是加强对学生动手能力的培养；四是通过在校学习和在职学习并举办法，注重巩固学生所学知识；五是坚持少讲课、多自学的教育方法，培养学生的自我思考和创新思维能力；六是建立完善的考试评价方式和标准多样性。

（三）以自学为根本

学生学习能力的自我培养重于教师具体知识的传授。大学生若要获得学位，主要靠学生自身的努力。国外的大学生刚走进校门，就要自己选专业、自己选课程、自己学知识、自己挣学费，一切都要靠自己努力。老师上课不会细致地讲述知识和技术，而是提出问题、指明方向、考核结果。主要依靠学生自己去学习和探索互联网的知识和技术。这样更能很好地体现改革之后的变化。自主地跟着时代的进步而进步，而不是为了不得不进步而进步。

三、双创计算机人才的培养

随着计算机的普遍应用，计算机的技术在我们国家有很大的发展。有关计算机专业的教育也得到了很大的发展。但是，目前非常多的计算机专业的学生都缺乏在应用中的扩展能力，不能很好地把计算机应用和现实结合在一起。因此计算机技术在我们国家目前是重点培养的对象。在计算机普及应用的今天，信息技术化的社会更需要精通计算机的人才。高效率的培养创新的计算机人才是当下关注的重要问题。

信息化的时代，计算机占领着社会发展的最前端。从计算机专业毕业的学生都可以在教育、企业、技术和行政管理的单位就业。从事有关计算机教学以及软件开发、维护、信息系统建设等相关的工作。除此之外，还有很多非计算机专业的人才，都逐步接受计算机方面的教育。

我们国家在飞速发展，想要保持住这样的发展，必定要大量培养双创型的人才。高等教育给创新创业人才一个广阔的空间。高等教育的重点在于培养适应社会，引领新时代社会发展的高标准、高素质人才。信息网络时代早已代替了陈旧的传统时代，互联网是双创人才培养的基础。以培养出计算机技术高等人才为目标。让更多的人都有创新思维。用实验证明，事实证明。实验课程的体系也促进双创型计算机技术人才的培养。

第十节 基于市场需求的应用型计算机人才培养

教育部关于《关于引导部分地方普通本科高校向应用型转变的指导意见》中指出，普通高等院校推动转型发展高校把办学思路转到服务地方经济发展，转到产教融合的校企合作，转到培养应用型人才，进而培养出符合市场需求的学生，更好地服务地方经济。莆田学院依据学校的办学特色和历史，提出按照"应用型、地方性、开放式、特色化"的办学定位，立足服务地方经济社会发展，深化产学合作，坚定不移地走转型发展之路。学校按照"专业依托行业"的原则建设 6 个专业群。其中电子信息专业群和电子商务专业群都关联到计算机科学与技术专业，因此对计算机专业进行应用型转型具有较强的迫切感。

企业需要的是能符合岗位要求的，应用能力和动手能力强的，无须过多适应和岗前培训的"零接缝"毕业生。但目前，多半地方高等院校现有的人才培养模式所培养的学生，具有的能力不能满足市场需求，原来实施的人才培养模式和课程设置与企业的需求存在较大差距。这种情况在计算机专业尤为明显。一方面，大批毕业生找不到专业对口的就业岗位；另一方面，大量的信息技术企业招不到满足企业的需求的计算机人才，"就业难"和"人才荒"，已成为高校和地方经济发展的一大难题。本节根据莆田学院的实际情况，对计算机科学与技术专业的应用型人才培养模式进行探讨。

一、计算机科学与技术专业存在的问题

莆田学院的计算机科学与技术专业于 2002 年本科创建的时候开始招生，至今有 10 届学生完成学业，顺利毕业。在过去的建设和发展中，计算机专业从一开始的重点专业建设到现在作为转型的示范专业，院系领导投入高度精力对软件和硬件建设，现在已经逐步完善了本专业的教师队伍和实验室的建设，较好地促进了计算机科学与技术专业的发展。但是针对作为一个地方性新建本科院校开办好一个好的计算机类专业，还存在着较多的困难和问题，主要体现在以下几个方面：（1）专业教学模式与现实发展技术的需求脱离。高校的专业教学大纲决定了学生四年在校学习的内容。虽然培养方案每年都会进行修订，但是还是跟不上信息技术发展的速度。（2）专业师资较为薄弱，尤其是实践性强的教师缺乏。从本质上讲，学校教师的水平很大程度上影响了学生的能力。因此教师技术水平的提升尤为重要。（3）计算机行业发展日新月异，技术越来越趋于市场化、智能化。学生无法运用所学的专业知识到实际的企业生产环境中，或者需要很长一段时间的实践，才能融入实际的工作中。直接影响到就业的数量和质量。（4）实践教学体系不完善，学生的专业能力和职业技能不能很好得到训练。一些课程具有课内实验，课程后也有相应的课程设计，但是过多的实验是验证性和演示性，设计性实验偏少。计算机类项目一般都涉及较多的课

程，而课程设计一般都是针对本门课程，忽略了课程间的联系。为了解决这些问题，更好地适应市场需求，我们每年都对培养方案进行研究修订，制定出更符合应用型本科专业人才的培养方案。

二、应用型人才培养模式

（一）人才培养的目标定位

随着信息技术的发展，计算机相关技术已深入到各个领域，社会和企业对应用型计算机人才的需求不断增加，对人才的要求也不断提升。针对学校提出的应用型转型，计算机专业在专业负责人的带领下，每年都在修改培养计划，从2011级开始的计算机专业学生，实践环节学分占总学分百分比都是大于35%，为实现应用型人才垫下了基础，进而培养专业素质高、适应能力强、进入角色快的"短、平、快"计算机人才。以市场需求为导向，培养较强的应用能力和实践能力的计算机应用型人才，强调分析和解决实际问题能力的培养，是"2+1+1"人才培养模式的目标。我们的专业课程设置本着应用型人才培养目标，采用"2+1+1"教学模式，将课程体系切分成不同时期对应的模块来进行，第一至第二学年进行专业基础性授课，完成高等数学、英语和计算机专业基础课程；第三学年根据学生兴趣和志向选择开设与各专业方向相关的课程，学习计算机专业课程；第四学年学习专业知识的同时加强实践教学，主要是到相关的企业参加实训或者实习，在企业或校内完成毕业设计。通过前两年的基本理论、基本知识的学习，让学生认知专业领域并且培养学习兴趣，为第三年的专业方向的选择打下基础。同时学习的数学类课程能够培养分析和解决问题的能力。在第三学年鼓励学生参加全国软件水平考试和大学生数学建模大赛，可以很好地锻炼学生专业能力和数学应用能力，使学生在参加的过程中发现自己的不足，进而培养学生的自学能力。期间学校会组织资深的教师或者聘请客座教授到校做行业专题报告，增进学生对所学专业发展动态有一定的认知。第四年的实践，主要是对学生的工程实践能力、创新能力和素质的基础上，以提高未来的就业率和就业质量。

（二）构建"2+1+1"人才培养课程体系

基于市场需求分析结果，设计了相应的理论课程体系如图1所示。莆田学院"计算机科学与技术"本科专业，依据市场需求设置了"软件技术"、"网络技术"和"图像处理"三个方向。其中，"软件技术"针对目前主流的手机App软件方向以Android为开发平台，培养移动平台软件开发类人才。"网络技术"方向通过对网络技术和网络融合的攻防技术的研究，培养信息安全和网络管理的先进的网络技术应用型人才。"图像处理"方向以数字图像处理为核心，木雕工艺品设计为目标，培养多媒体软件设计和开发类人才。

其中专业选修课是大四上半学期开设相关的方向性课程。同时，在大四后半学期完成毕业设计的选题、开题等工作。校内的学生主要由校内指导老师跟进，如果参加校企合作的学生选修课课程通过企业的置换课程进行相应的学分置换，毕业论文（设计）则由校外和校内指导老师共同完成相关工作。"置换课程"是企业根据学生所选择的专业方向，而开设的新技术领域相关课程，课程经学校认定后可置换学校所开设的方向性选修课学分。对计算机专业的学生而言，能力跟实践是成正比的，为了强化学生的实践能力，做到分析和解决问题的能力，我院针对集中性实践教学环节的具体安排见表1。计算机专业从2011级开始，完全采用了新的课程体系，学生的专业课程选课不再盲目，而是按照相应的自己选定的专业方向进行，减少了理论课程数目，根据统计学生的总学分减少了20分，这就大大减少学生上课的压力，而学生的动手能力通过相应的实践课程得到了较好的锻炼。

（三）搭建"2+1+1"人才培养平台

良好的培养方案需依托优质的师资队伍和先进的实践平台，才能培养出真正适应市场需求的应用型人才。根据教育部门对我国计算机专业的相关专任教师的调查显示，50%以上的专任教师在近三年内未参加过专业培训和到相关企业实习，表明师资队伍的实践技术能力较为薄弱，师资队伍的建设力度有待加强。因此，在师资队伍建设中，要通过以下途径强化教师的能力。首先是鼓励专任教师到企业进行行业调研、实践和参与企业的项目开发、参与各类与专业相关的技术培训，积累项目开发经验。其次是聘请经验丰富的企业项目经理担任校内实践性较强课程的主讲教师、举办技术讲座。最后通过校内外指导老师共同指导学生的实训、实习、课程设计以及毕业设计。

在实践平台建设方面，一是对现有的实践平台进行优化和新增先进的实验设施。计算机领域技术更新较快，旧的实验设备不能实现现有技术的运行，因此根据课程需要对实验设备进行更新。大数据是计算机领域的一个热点，为了让学生能跟上新技术的发展，我院加大实验室建设，投资四百万增设了大数据实验室。二是增加校企合作的实习基地，充分利用企业的先进实践平台。积极为校企合作创造条件，为此我院已先后与中软国际、莆田安福电商城、千锋互联网科技等多家企业或者实训机构建立良好的合作关系。

三、教学质量的监控体系

完善的教学管理有助于培养高质量的人才。为了确保符合市场需求的计算机应用型人才的培养质量，有必要设计规范完整的教学质量管理和教学监控制度。教学质量管理制度主要由三级管理。一是学校负责制度，主要是教务处完成，全面领导全校各个二级学院的教学管理工作；二是二级学院的教学工作专家组负责制度，负责各个专业的专业建设和教学过程的指导和监督工作；三是教研室负责制度，更针对性得对专业建设进行管理。在三级管理的体系下，进行加强日常教学管理工作的科学化、规范化。计算机专业应用型人才整个培养过程的多级评估，并将信息反馈给质量控制系统，对教学质量进行监控和控制。教学监控制度由校级和系级教学督导小组监督，初步形成了校级教学督导巡视检查、系级督导全面督查、同行互评互促、师生共同评学、学生评学评教的质量监控体系。从制度上确保教学工作的有序进行。

基于市场需求的计算机专业的"2+1+1"人才培养模式，是我们为了实现应用型人才培养目标提出的新的模式。针对当前市场就业形势的变化，我们时刻得保持在计算机专业的建设、课程的改革上有所创新，针对性地对学生进行专业培养，进而确定符合市场需求的应用型人才的培养模式。莆田学院的计算机专业学生针对 2011 级和 2012 级毕业班学生采用了"2+1+1"的培养模式，在第四学年与企业相对接，毕业设计水平总体上有明显的提高，在校内指导教师与实习单位的指导教师的共同指导和监督下，学生的动手能力、团队合作和沟通能力也明显提升，大部分学生毕业后的就业质量较为满意。人才培养方案的完善是一项长期的工作，计算机课程需要及时更新才能保证学生所学内容的质量，因此有必要做到每年对计算机行业进行调研考察，根据考察结果进行培养方案的调整。社会的各个领域都需要计算机人才，培养高质量的毕业生是高校的职责所在，根据市场需求应不断进行教学改革，才能培养出高素质的计算机人才。

第十一节　高校工程型计算机人才培养

针对高校计算机人才培养模式和 IT 企业市场需求相脱节的状况，本节分析了计算机人才培养存在的问题，研究探索了新形势下工程型计算机专业人才的培养模式和发展思路，指出了其在专业定位和培养目标、课程体系和知识结构设置、以及实践教学上的具体举措，为工程型计算机人才培养模式的学科教育教学改革提供参考。

计算机相关产业作为信息产业的核心之一，是国民经济和社会发展的基础性和战略性产业。随着国内外计算机相关产业的大规模快速发展，其不仅对优化调整产业结构、推动传统产业升级，而且对建设创新性国家起着越来越重要的作用。当前我国大部分高校均开设有计算机类相关专业，拥有庞大的在校生规模，每年都有大量的计算机人才进入就业市场，但由于高校计算机人才培养模式和 IT 企业市场需求的脱节，使得 IT 企业往往较难直接获得符合其要求的计算机人才，这也造成了计算机人才成为目前制约我国 IT 企业发展的重要瓶颈。

教育部高等学校计算机科学与技术教学指导委员会在 2006 年推出了《高等学校计算机科学与技术专业发展战略研究报告暨专业规范》（简称 CC2006），将人才培养的规格归纳为下述的三种类型、四个不同的专业方向：科学型（计算机科学专业方向）、工程型（包括计算机工程专业方向和软件工程专业方向）、应用型（信息技术专业方向）。CC2006进一步明确了计算机科学与技术本科专业发展战略，指出了以"专业方向分类"为核心思想的计算机专业发展建议，并制订计算机科学与技术本科专业规范。特别地，CC2006鼓励不同的学校根据社会需求和自身实际情况，为学生提供不同人才培养类型的教学计划和培养方案。此外，国务院在 2011 年《进一步鼓励软件产业和集成电路产业发展的若干政策》

（国发 [2011]4 号）中明确指出了我国软件产业的发展规划，在其人才政策中特别强调，高校要进一步深化改革，加强软件工程专业建设，紧密结合产业发展需求及时调整课程设置、教学计划和教学方式，加强专业师资队伍、教学实验室和实习实训基地建设，努力培养国际化、复合型、实用性人才，这进一步指明当前社会对计算机工程型人才培养和需求的重要性和迫切性。

一、工程型计算机人才培养存在的问题

由于计算机学科及其相关产业具有知识结构广、发展速度快等特点，使得目前计算机学科各专业还没有形成一个比较成熟通用的课程体系和人才培养模式。另外，由于不同地区的教育质量存在差异，尤其西部偏远地区，学生的计算机水平参差不齐，外语水平薄弱，这些都对计算机学科的教育教学提出了新的挑战，使得目前高校在培养目标、专业定位、课程体系设置以及综合实践能力培养等人才培养模式上存在诸多问题。

首先，培养目标和专业定位模糊。国家和社会的发展对人才的需要是多层次的，既需要从事基础研究的学术型人才，又需要从事专业社会实践的工程型人才。不同类型的学校要有不同的层次定位，相应的学科发展也要有不同的专业定位和培养目标，从而采取不同的教育模式。一些高校不顾自身实际发展情况确定高目标、追求高层次，盲目照搬普通院校相关专业的课程体系和培养模式，这使得高校在教材选择、教学大纲制定、教学模式和培养手段的运用上缺乏针对性、层次性和灵活性，致使教学质量下降。

其次，课程体系设置和知识结构不合理。由于计算机学科及其相关产业又具有知识结构新、发展速度快、重实践操作等特点，计算机学科各专业一直没有形成一个比较成熟的课程体系和通用的人才知识结构培养模式，课程设置中以基础学科为中心的课程观往往占主导地位。课程设置多是在计算机学科传统课程基础上，增加些电子硬件类和软件类课程，课程体系设置重理论和基础，对计算机工程类领域的知识涵盖面窄，这也造成了计算机工程类学科发展和其相关产业现状的脱节。

最后，综合实践环节薄弱。计算机学科是一门具有很强系统性和工程性的新兴学科，这就要求其相关的技术人员对来自不同领域背景的工程项目具备一定的适应能力、实践能力和创新能力。在计算机类工程人才的培养过程中，存在现行各地方高校的教育体制滞后于信息社会快速发展及需求的问题。多数高校依然沿用陈旧的培养模式，教学计划主要以理论讲授为主，缺乏实践教学环节，使得学生将过多的时间和精力投入到课程的基础学习中，忽略了指导学生将各专业课程知识和实践教学环节有机的糅合在一起，致使学生的理论能力和实践能力严重失衡。

二、工程型计算机人才培养模式探索

计算机工程类专业具有适应面广、涵盖技术领域多、发展变化快等特点。特别是在

21 纪的计算机网络和信息时代，计算机工程类学科的相关理论和应用技术，不断随着计算机技术和网络技术等信息技术的进一步深入而迅速发展。为了适应工程型计算机学科专业发展的整体形势，创建工程型计算机特色专业，更好地培养符合社会需要的人才，高校应根据自身特点，明确专业培养目标、建设专业特色鲜明、师资队伍结构合理、学生知识结构完善、实践实验条件充实的人才培养模式，其中这里包含以下几个重要方面。

首先，要明确专业定位和人才培养特色。根据国家教育部对计算机学科专业建设的指导性意见和其他大学的办学经验，高校应结合自身的特点，进一步充实和完善培养工程型计算机人才的培养计划及课程体系，加强师资队伍建设和实验室建设，拓展实践教学环节，提高工程型计算机学科专业所需的基本素质和专业基础，保质量、重特色，明确专业定位和培养方向，更好地培养出侧重于工程型计算机专业技术人才。

其次，要整合课程体系、优化课程结构。计算机学科各专业作为一个新兴专业，早期其课程体系和课程结构主要依赖于CC2004（Computing Curriculum 2004，计算机学科教程）。在制定具体课程时，现阶段高校应结合培养工程型人才的专业定位和人才培养目标，整合并按需修整传统的计算机科学与技术学科课程，设置通识课程平台、学科基础课程平台、专业课程平台和实践教学平台等模块化的专业课程体系，突出社会和企业所需求的计算机技术和工程性课程，增加工程训练和工程实践教学环节，形成宽、专的人才培养课程体系，使得调整后的课程体系设置不仅实用性强，而且有利于学生根据自身优势个性化发展。

再次，要加强计算机工程专业英语学习。在计算机相关学科领域，由于学科知识结构的特殊性，计算机程序和命令是由英文命名的变量和函数等来编写的，其代码的相关注释也都是用英文表述的。另外，由于计算机学科发展速度快且知识更新周期短，所以往往最新和最前沿的相关文献综述、技术文档、以及研究进展报告等也都是由英文撰写的。因此，英语学习对本专业知识的掌握和应用显得尤为重要。在具体实施的过程中，高校应根据自身生源特点，在低年级开设计算机专业英语课程和在高年级的部分专业课程开设双语课，这样分阶段逐步提高学生的专业英语水平和实际应用能力。

最后，要加强实践教学。实践教学是指有计划地组织学生通过观察、试验、操作，掌握与专业培养目标相关的理论知识和实践技能的教学活动。对于计算机学科工程型人才来说，应用实践是人才培养的核心，所有的教学环节都需高度重视实践教学。通过实践教学，可进一步巩固和加深所学的理论知识，提高运用理论知识去分析和解决实际问题的能力，更好地培养学生进行系统分析、软件设计、软件开发等专业技能。在具体实施的过程中，高校应根据专业特点和实践现状，将实践教学建设的目标定为研究构建计算机专业层次化的实践教学体系，推进内容调整、整合，形成多层次、具有弹性结构、相对独立的实践教学体系，对课程实验和课程设计定期重新修订，丰富和充实新的应用技术；建立专门的计算机工程专业实验室，开展计算机工程类课程的相关实验，这样搭起了课堂理论教学和学生动手具体实践的桥梁，使得在锻炼学生的实际动手能力的同时，也加强学生的团队协作精神；注重实习实训，增加本专业生产实习和毕业实习长期基地，开展依托企业的定制培训和毕业实习，提高学生的动手能力，增强学生在就业市场的竞争力。

计算机类相关产业是国民经济和社会发展的重要新兴信息产业，计算机学科各专业作为一个新兴的学科专业，其课程体系的改革和人才培养模式需要不断在实践中与时俱进、摸索总结。高校应结合自身实际情况，遵循学科发展和人才教育培养规律，改革课程教学内容体系和课堂教学方式，构筑专业教学平台，加大实践环节力度，激发学生学习主观能动性，综合提高该学生的理论和实践动手能力，培养更多的高素质工程型计算机专业人才。

第十二节　复合应用型计算机人才培养

随着世界范围内信息化的飞速发展，我国建设的各种信息化系统已经成为国家关键的基础设施，人们在工作、学习、生活中无时无刻都感受到了信息化带来的巨大便利，网络构建与信息化安全的重要性也越来越突出。网络与信息化安全的保障能力也成为各国综合国力、竞争力的一个重要的组成部分。网络与信息化安全体系的构建不仅需要先进的装备和技术作为基础，还需要大量培养既掌握先进的计算机技术理论及其他相关专业知识，且具有一定管理才能的高层次计算机和网络信息化安全的人才。

复合应用型人才培养这一概念是教育学领域近期来对学生培养的新认识，反映了社会对人才需求的发展趋势。国外没有对"复合型"与"应用型"进行明显区分，对能力方面的描述基本体现在"复合"的要求中，"复合"不仅包括了知识和能力的要求，也体现了重要的效率性，所以我们可以认为"复合型"培养方式在美国的研究中，已经接近了我国所指的"复合应用型"。国外最早的"复合型"概念是由 Louis Schwartz 于 1967 年所提出，强调"复合应用型"教师在美国教育领域存在的必要性和理应享有的地位。这种根据教学对象特殊性进行教学迁移的能力，是教学教育一体化所拥有的区别于其他教学类型的独特才能。与我国的"复合应用型"培养方式研究类似，此后的美国研究中，很少再提到"教学教育一体化"的概念。2001 年美国的专家学者专门对"复合型"和"非复合型"教师在教学过程中所起到的作用进行对比，对教师是否能胜任常识和学科知识、常识和常识之间的关联性进行了解释，作为衡量"复合型"教师的价值之一，并认为这样的教师在科学课上能够达到更有效的教学效果。

国内在复合应用型的研究过程中，将"复合型"与"应用型"进行了明显区分。对于复合型人才的论述，有一个比较明晰的发展轨迹，直到 2005 年才导入了"应用型"，真正使"复合应用型"的教学理论进一步得到完善，认为"复合型"主要反映的是人的全面发展以及特殊教育实践中对宽知识、多能力特教教师的需求；"应用型"则主要反映了实践对特教教师的应用专业能力的需求。虽然其适用范围只限于特殊教育，但这一观点的提出充分显示了复合与应用在维度上的差异，"复合型"主要是对知识构成的需求，而"应用型"则是对能力的需求。

总结国内外对于复合应用型人才的研究，总体来看思路较为单一，针对性不强，大多数研究者都是从复合应用型的一般特征来进行研究，阐述复合应用型的一般内涵，然后套用到学生的学习研究中，对复合应用型人才与传统人才的培养模式的区别和联系的研究却不充分；且也没有专门针对计算机专业人才进行研究，对于不同学科的复合应用型人才培养实际上应存在共同点，但同样也存在区别。

一、复合应用型计算机人才培养现状

计算机技术的运用已经深入到各个领域，对计算机专业人才的需求也越来越迫切。我国计算机教育取得了突出的成绩，培养出大批优秀的计算机人才，但在教育体制、教学理念、教学方法等方面仍存在一些问题。

（一）教学体制不科学

大多数学校对于计算机专业课程教学体制的设立存在大的问题，主要体现在重理论、轻实践；重知识传授、轻能力培养；课程更新速度慢、一些陈旧课程未能及时淘汰等问题。易使学生产生厌学感，感觉学到的知识以后用不上。其中传授的理论知识太多，增强学生学习能力、思维方式和创新能力的课程以及实践环节较少，与新时期对计算机专业人才的要求不匹配。

（二）教材建设滞后

计算机专业教材的质量问题也是影响计算机专业学生发展的重要因素。主要体现在教材的选用、教材编写及出版情况，计算机的专业教材在编写上存在的主要问题就是符合课程需要、符合学生理解程度和教师采用的教材在全部教材中所占的比例较小，即教材适用率较低。其中最为突出的就是教材内容陈旧、针对性差，教材建设明显落后于教学改革，而且计算机技术的发展要远远快于计算机课程内容的更新。其次是实践性课程的教材建设弱，大多教材都注重理论编写，不利于计算机操作和应用。

（三）被动教学方法不科学

目前，在我国高等院校的计算机教育中，教师大多数使用的仍是填鸭式讲授方法，教师机械地讲，学生被动地听，缺乏主动性与参与意识，学生没有自己的独立思考和见解，而计算机本身就重操作、重应用，力求将所学理论知识运用到实际问题的解决中。因此，强调教学方法的丰富性和创新性，充分调动学生学习的互动性，让学生成为主动者，锻炼学生的语言表达能力、团体合作精神，提升学生的思维能力都是培养复合应用型计算机人才的关键因素。

二、有效的教学方法

我国计算机专业教育不但承担着普通高等教育的培养任务，为社会源源不断地输送着各种复合型的人才，而且还承担着为高层次精英教育源源不断地输送有潜力人才的任务。因此，我们的高等教育需设置有效教学方法，才能达到人才培养目的。

（一）专业知识涵养

培养一名合格的复合应用型计算机专业人才，就必须使其知识涵养以基础知识为根基，以专业学识为主体，以应用技术为主线，形成交汇多样的知识构架。这就要求其基础性知识要"足够、扎实"，专业化知识要"实用、管用"，并且将自己的专业学识与其他学科知识紧密结合，成为一名既有专业涵养又有专业特色的计算机专业人才。如在课程设置上要体现在以下方面：首先在课程的设置上要力主突出"厚基础、强能力"的特点。对于基础必修课要合理安排课时，并尽量扩大选修课的知识覆盖面，多开设重实践、重技术性的计算机实践课程，方便学生根据自己的个人兴趣和学习志向更好地选择选修课。其次是课程的结构要适应当今社会发展的需要，在发扬传统的课程体系框架的优点上，增设新兴领域的计算机专业知识，扩充课程总量以及信息量，对学生的知识面进一步拓宽。最后，计算机学科和其他学科之间是相互渗透、交叉和融合的，因此，增开一些电子学、物理学等学科的课程是必要的，这样可以增强学生从事计算机职业所需的文化底蕴及科技知识等综合素养。

（二）教学设置

教学设置上以应用型为主，兼顾复合型。首先，在课程的组成上形成3大课程设置，分别为公共基础课程、专业理论课程、应用能力课程。每个课程方向又可以分出多个课程模块，公共基础课程主要由公共必修课程模块组成；专业理论课程则可以包括必修课程模块、限制性选修课程模块、任选课程模块；应用能力课程则一般由专业技术课程模块、活动课程模块组成。通过多模块并存的课程体系建设，进一步保证了人才培养的多样化和个性化的发展，提升了学生的社会适应能力。

其次，对教学内容以及课程体制的改革要注重强调内容的统一性和知识的应用。围绕培养计算机专业的复合应用型人才，进一步完善教学内容以及课程体系建设。废除原有按照学科范畴来设计课程的思想，从全局考虑如何设置课程来满足学生能力发展的需求，构架出全面、系统的理论教学体系。

再次，选择课程时还应注意根据若干发展方向的应用技术为指导，把职业资格认定类的课程融合到课程体系构架中。让学生能以发展方向的需求为主导，将所学知识与实际应用联系起来，为综合技能的构建提供相应的理论知识保障。同时，也为学生进入相关计算机行业做好相应的资格准备。

（三）实践教学

实践教学主要是通过国内国际的技术转移实习实训、考察调研、产学研结合平台，为学生提供各种实践、实训的可能。实习实训设置如下：

（1）企业讲座。了解企业运作和企业文化的基本理念，了解企业的发展思路、人文环境、管理与运作模式，了解企业的职业素养要求以及安全生产与管理要求等，为学生选择相应的发展方向做准备。

（2）认识实习。具备一定的撰写软件计划书或可行性研究报告，掌握软件系统的使用能力。

（3）认识实习与工程实践。对典型信息系统、仿真软件、辅助设计软件有初步感性认识。

（4）信息系统测试参与，系统测试实习。

（5）课程设计，小型信息系统设计模块训练。

（6）生产实习与培训。对案例分析和实际研究项目的训练。结合商业环境与本地实际，进行软件管理模式、软件服务业务流程、数据库与信息挖掘技术、信息系统需求分析、规划及设计等方面的技能训练。

（7）毕业实习。以企业实际研发为基础，采用有机链条式的毕业实习模式，将学生的个体毕业课题内容相互衔接，这样，不仅使学生的综合能力训练与企业生产紧密结合，而且在学生个人才能发挥的同时，也加强了团队协作精神与能力的培养。

（8）毕业论文设计。主要是安排学生结合工作实际完成软件系统、软件服务平台等的设计与建设等实际课题，运用所学知识与技能，开展论文课题的研究工作，撰写出毕业论文。

产学研结合平台设置如下：

（1）从单纯的学校教育向学校、政府、企业、研究机构4位一体共同参与的教学模式转变。通过教育和实践的紧密结合，充分地利用现有社会资源来改革教育模式，丰富实践训练的资源，加强实践教学。

（2）专业教学必须和社会发展、市场需求以及企业产品相结合。当前以企业需求为核心的教育模式已成为当前教育的主体，教学只有和社会发展、市场需求以及企业产品相结合，其教育模式才能发挥真正的作用，才能使学生成为企业抢手、社会急需的顶尖技术人才。

（3）加强计算机专业教学的实习、实践基地建设，加大投入，充分满足师生对实习、实践的各项需求。力求与多个本专业相关的大型企业签署合作办学协议，使企业成为学生稳定的工程实践基地和可靠的就业渠道。

（4）联合企业开展专业实验室的建设。建立学院与合作企业联合设置的实习基地，为软件开发提供了很好的开发平台。在实验室和实验课程安排上，强调贴近企业实际产品和模拟企业实际产品开发过程，使学生在今后进入企业工作时，尽量缩短学生的熟悉期和磨合期。并有利于开拓学生的思维，培养他们的工程应用能力，在提高学生进入实验室的积极性的基础上，远离网吧、游戏室，有利于现代大学生的培养管理。

社会经济的变革，大众化教育的推进，为我国复合应用型高等教育的发展提供了历史机遇。发展复合应用型教育、培养复合应用型人才、建设复合应用型大学已经成为高等教育改革的重要内容。培养复合应用型人才是各院校的战略选择。复合应用型计算机专业人才不但要具有扎实的基础知识、开阔的知识面、还必须具有其他相关知识。即在熟练计算机专业知识的基础上，掌握与所从事的工作密切相关的其他专业基础知识，注重对获取知识能力的培养、独立思考问题，将所学知识应用到实际中。而随着边缘学科、交叉学科的发展，复合应用型人才培养也将成为人才培养的发展趋势。

第十三节　基于 CDIO 理念的应用型计算机人才培养

高校招生规模的不断扩大，这使得高校毕业生的就业竞争日趋激烈，计算机专业毕业生亦面临同样的压力与挑战。尽管信息时代人才市场对计算机专业人才的需求量呈现上升趋势，但仍存在高校培养的计算机人才因无法满足 IT 行业的要求而无业可就的现象。导致这一结果的主要原因在于，许多高校的计算机人才培养还处于传统教育模式，学科教育与社会实践脱节，毕业生缺少现代企业生存发展应具备的工程应用能力、组织沟通能力、团队协作能力以及职业能力，无法满足现代经济社会对计算机人才的多元化需求。尽管目前许多地方高校为提高人才培养质量，适应社会发展需求，都在倡导教育改革，但这些改革更多偏重于教学方法的改革，没有明确的目标体系，无法有效达到预期效果。

CDIO 工程教育模式作为近年来国际工程教育改革的最新成果，改变了传统教育改革模式，倡导"做中学"和"基于项目的教育和学习"。CDIO 制定的能力培养大纲、具体实施准则及检验标准全面、系统、操作性强，为工程教育的系统化发展提供了基础，也为高校的教育教学改革开创了一条行之有效的创新之路。

一、CDIO 工程教育理念

CDIO 代表构思（Conceive）、设计（Design）、实现（Implement）和运作（Operate），它以产品研发到产品运行的生命周期为载体，让学生以主动的、实践的、课程之间有机联系的方式学习工程。CDIO 培养大纲将工程毕业生的能力分为工程基础知识、个人能力、团队协作能力和工程系统能力四个层面，大纲要求以综合培养方式使学生在这四个层面达到预定目标，旨在培养学生在掌握深厚技术基础知识的基础上，具备系统的工程技术应用能力、较强的沟通能力、团队协作能力以及职业能力。

CDIO 工程教育理念在继承和发展了欧美 20 多年来工程教育改革的理念的基础上，

系统地提出了可操作的能力培养、全面实施以及检验测评的 12 条标准，这 12 条标准分别从专业培养理念、课程计划的制定、设计—实现经验和实践场所、教与学的新方法、教师提高、考核和评估等几个方面考察工程教育实施情况，为高校的教育改革和教学评估制定了详细明确的基准和目标，同时也为 CDIO 工程教育的实施提供了世界通行的标准以及可持续提高的框架。

二、基于 CDIO 教育理念的应用型计算机人才培养模式构建

（一）CDIO 工程教育的专业人才培养目标

结合我校实际，针对我国工科院校教育教学中普遍存在的重理论轻实践，重个人学科能力轻团队协作能力的现象，遵循 CDIO 培养大纲四个层面能力的培养要求，我院的专业人才培养目标是培养学生具备系统的、扎实的工程技术能力，即项目组织、设计、开发和实施的应用能力，具备较强的沟通能力、协作能力、自主学习能力、创新能力以及职业能力，以满足国家信息化建设、IT 行业发展以及人才市场对高素质应用创新型计算机人才的需求。

（二）项目化的专业课程培养计划

在明确专业人才培养方向和目标后，根据 CDIO 培养大纲，首先制定符合人才培养目标的专业课程计划。项目化专业课程培养计划围绕"项目设计"这个核心，将学生在四年本科学习中所需学习、所应掌握的课程内容有机的、系统的融合起来。项目化的课程培养计划将专业课按其相关性形成课程群，有计划化的、阶段性的、分级的完成相关课程及课程群的项目设计。

教师在教学设计中，可依据自身专业特点，借鉴行业经典案例或根据实际需求进行项目设计，引导学生积极开展工程实践活动，通过项目构思、设计、实现、运作过程的实施，激发学生对专业课的学习兴趣，培养学生综合运用所学知识解决实际问题的能力。

整个课程培养计划以三级项目为基础，二级项目为支撑，一级项目为主线，将核心课程的教育同专业和系统的整体认识统一起来，并结合学生的自我更新能力，人际和团体交流能力，以及大系统的掌握、运行和调控能力进行系统的能力培养，与 CDIO 工程技术人才的培养目标极具契合性，是对 CDIO "基于项目的教育和学习"教育理念的具体诠释。

（三）"主动学习"的教学模式

CDIO 以能力培养为目标。能力不是教出来的，能力只有通过实践才能获取。"主动学习"的教学模式将学生置于主体地位，引导学生积极参与 CDIO 项目化课程设计的实践过程，让学生在体验项目构思、设计、实现和运作的过程中分析问题，寻求问题的解决方法，鼓励学生在实践中学习，即"做中学"。"主动学习"的教学模式可以充分调动学生学习的积极性、主动性，让学生带着兴趣在实践中寻求解决实际问题的方法，并在求解过程中获

取知识，实现对所学知识的梳理、归纳与总结。

1. 理论课堂教学设计

理论课堂的教学设计要充分体现 CDIO 中的"构想"与"设计"，帮助学生了解所学知识的具体应用，明晰所学内容在学科知识体系中的位置，找到完善自身知识框架的方向和途径，增强其学习的方向性和主动性。

教师在教学过程中可采用"探究式教学"等方法，配合 CDIO 项目设计，充分调动学生的主动性、能动性。在教师指导下，通过以"自主、探究、合作"为特征的学习方式对当前教学内容中主要的知识点进行自主学习、深入探究，并进行小组合作交流，从而达到课程标准中关于认知目标与情感目标的要求。

2. 实验课堂教学设计

实验课堂的教学设计则应充分体现 CDIO 的"实现"和"运作"，通过对理论教学中设计项目的实施和运作，对学生所学知识进行验证和分析，训练学生的工程推理能力、逻辑思维能力、解决实际问题的能力以及小组协作能力。

教师在实验教学过程中可采用"任务驱动法"等教学方法，根据教学内容预先设定合理有效的教学任务，并按照任务规模进行小组分工，引导学生完成好相应的实践活动。学生在实验过程中，充分拥有学习主动权，在实践中探求知识，更有助于加强学生对相关知识的理解与认知。同时，学生还可以在项目小组分工协作的过程中深刻体验团队协作和互信互助的意义，有助于培养学生的团队精神及沟通协作能力。此外，实验报告和项目报告的撰写工作还可以有效训练学生的文字表述能力，培养学生在实验结果对比分析中发现新原理、新知识的系统学习能力。

3. 课外辅助教学设计

对于主动学习能力强的学生，教师可利用课余时间，依托产学研基地、实验室、竞赛培训基地以及大学生创新创业基地等实践教学资源，设计有针对性的、具有一定社会经济价值的工程项目或校企合作项目，通过营造真实的项目开发环境，进一步提高学生动手能力、创新意识、团队协作能力以及职业能力。

（四）"双师型"的高素质教学团队

高素质高水平的师资队伍是地方高校成功培养应用型人才的关键，也是提高计算机专业教学水平的核心。针对地方高校师资力量相对薄弱，特别是兼具系统理论知识和工程应用技能的"双师型"专业教师相对匮乏现象，可以从以下几方面进一步加强。

1. 培养与引进有机结合

加大双高人才培养和引进力度，不断提高教师队伍的职称和学历结构，尤其是加大企业工程技术人才引进和聘任力度。

2. 教研与科研团队共建

以专业课程为载体实施教学团队建设，积极组织教学团队申报各类科研项目，通过教学团队建设带动科研团队建设，以此形成一定规模的科研团队，促进教师工程技术水平的提高。

3. 学术交流与工程培训相结合

组织骨干教师参加国际、国内的学术交流会议，深入了解专业领域前沿动态，更新教育教学新理念，全面提高教师专业教学水平；进一步加强与企业、IT培训机构的合作与交流，选派教师到企业或IT培训机构学习、参与项目开发等，有效提高专业教师的工程技术实践能力。

（五）产学研结合的实训平台

计算机学科是一门实践性较强的学科，实训作为计算机专业教学中极为重要的环节，是"做中学"的重要手段，也是培养高素质应用型计算机人才的重要途径。

1. 有效搭建校内实训基地

充分利用高校自身实验室资源，广泛搭建校内实训基地，采用开放式管理模式，鼓励学生参与到实验室建设中，让学生在实践中充分理解与掌握所学专业理论知识。

2. 加大校企联合办学力度

通过校企合作等模式，为学生实践活动提供有利的操作平台。学生通过走进企业，面向社会，结合所学专业知识学以致用的实践过程，充分体验和感受到知识学习带来的趣味以及自身的价值体现。

3. 依托大学生创新创业基地

大学生创新创业基地是产、学、研的有效结合，是培养学生创新思维、创造能力和创业意识的实践平台。依托大学生创新创业基地，在培养学生创新能力和创业技能的同时，提高学生综合运用专业知识和工程技能解决实际问题的能力。

本节通过对CDIO工程教育理念的分析与研究，从课程培养计划、教学模式、师资队伍建设以及实训环境构建几个方面，结合地方院校实际情况，对基于CDIO教育理念的应用型计算机人才培养模式进行研究，明确了"做中学"和"基于项目的教育和学习"这一指导思想，为我校应用型计算机人才培养模式的改革和发展提供了基础理论依据。下一步的研究工作是通过对教学质量监控体系的构建，规范和完善教学质量管理与监控制度，进一步保障应用型计算机人才的培养质量。

第十四节　基于岗位需求的高职计算机人才培养

进入二十一世纪以来，计算机技术已经成为发展最快、应用范围最广泛、渗透力最强的关键技术，社会及市场对计算机人才的需求也日趋增加。但是，在实际就业过程中，高职院校的计算机专业还无法完全满足社会及市场的需求，学生就业经常遇到困难。一方面，学生找不到工作无法就业；另一方面，企业招不到所需要的计算机人才。因此，探索适应当前形势下各种计算机岗位需求的，高职计算机人才培养方法显得尤为重要。

一、基于岗位需求高职构建，"两个系统"课程体系

基于岗位需求高职计算机人才培养，首先，应该充分考虑到高职院校自身对计算机技能型人才培养的相关条件，据此制定相应的体系、专业、课程以及能力评价标准；其次，要将项目作为载体，用实际案例促进计算机教学，可以通过校企合作开展社会实践，以此来让学生认知专业，并引导学生自主学习，贯彻"教、学、做、思"相结合的学习思想，要将职业技能的培养作为核心，将业务流程作为主线。由此建立"两个系统"新型课程体系。

一是理论教学体系，该体系要遵守的原则是"必须"与"够用"。该体系主要是由职业技能学习和公共学习两个部分组成。职业技能的学习至少应该包含三个部分，即专业基础学习、专业综合学习以及专业拓展学习，此外应该以公共选修课对职业技术学习进行必要的补充；二是实践教学体系，该体系要遵守的原则是"实用、实践和实际"。与理论教学体系相对应，实践教学体系也是由连个部分组成，即职业技能训练与公共训练，按照内容的不同，时间教学体系有由四个逐渐递进的部分组成，即基本技能→职业基本技能→职业核心技能→职业方向技能。这样就可以让高职的计算机职业教学体系变得更加多方位、分岗位、重操作，能更好地培养满足市场岗位需求的人才。

二、侧重突出实践

在构建专业教学体系时，应注重以岗位需求为向导。学校对计算机专业学生的培养，应该以岗位需求为目的，侧重突出实践教学的意义，以培养出不同专业的计算机人才为目标，构建不同的专业教学体系。比如在计算机应用技术、计算机软件开发、计算机科学与技术等专业，应该与电脑培训、网吧以及其他与计算机相关的机构合作，给计算机专业学生提供完整的、递进的、专业的实习岗位和社会实践基地等。

三、将模块化教学方式在计算机教学中推广

笔者建议高职院校可以将计算机专业的内容划分为公共模块、方向模块、岗位模块这

三个模块。公共模块：公共模块是指每个计算机专业所需要的基础知识，如计算机基础知识、文字录入工作、多媒体软件、办公软件、计算机网络基础以及目前计算机应用中的各种实用软件。方向模块：方向模块是指学习计算机专业所需的专业知识，在掌握了计算机专业的基础知识后，学生应该进行相关专业知识的学习，学校应该根据不同就业方向的计算机专业学生，进行有针对性的计算机职业技能培训。岗位模块：岗位模块的正确有效的实施能够促进学生适应岗位的需求，这是高职院校计算机专业教学内容的最后一步，也是最重要的环节，是计算机专业学生适应岗位需求、实现自身价值的可靠保障。计算机专业的模块化教学，应该根据学生所选专业的市场岗位需求，分析探讨学生就业时应该具备的基本能力，然后再开设与本专业相关的知识课程，打破以往计算机专业以教为主，以学为辅的体系。

四、全面多元化的考试方式

学校在对学生进行教学和实践过程中，应该掌握良好的教学方式，将教师教学与学生自学、将理论课程与实践课程有效的结合。计算机理论课主要进行理论教学，实践课主要培养学生动手操作能力，教师应该在理论课上教授知识并在实践中讲授实际操作。高职院校在不断对教学模式进行改进的同时，还应该对学校的考核方式也进行改革，对于计算机专业考试的形式，不应该仅仅是停留在常规笔试的范围之内，应该鼓励学生更多的进行动手实践，在计算机教学的整个过程中，积极地培养学生的动手操作能力，并在日常的教学中引导学生的德智体全面发展。

随着计算机科学与技术的迅猛发展，计算机已经从一种学科转变为一种工具，企业对计算机类人才的岗位设置越来越多，分工也越来越细。对于高职计算机教学而言，要实现基于岗位需求培养出适应当代发展的计算机人才，还需要不断的进行研究和探索，是高职院校和相关工作人员长期艰巨的任务。

第十五节　工学结合的计算机人才培养

工学结合是以培养学生的综合职业能力为目标，以校企合作为载体，把课堂学习和工作实践紧密结合起来的人才培养模式。国外工学结合教育模式的成功让我们看到高职高专学院采用工学结合的必要性。因为在我国，高职高专教育的发展趋势是职业化教育，这就要求学校在培养学生的时候将培养的目标定位在实用型和技能型。工学结合的培养模式正好能够符合高职高专院校的需要。

计算机专业教育在高职高专院校中通常是以理论教学为主，实训教学为辅的一个教育模式。在这种模式下，学生的不能将理论知识运用到实践当中，学生的实际操作能力较弱，导致他们的就业竞争力不强。实践证明，工学结合的教育模式能够从一定程度上提高学生的实际操作能力，有效地提高学生就业竞争力。本节结合现实情况，给出了在工学结合的优势，以及计算机专业采用该模式的必要性。

一、工学结合的优势

在实施的过程中，工学结合的教育模式具有如下优势。

（一）提高办学质量

工学结合的教育模式要求学校在教学过程中有目的的传授理论知识，使这些理论知识能够很好地与工作实践相结合。在"实用"为主的指导思想下，学生自然就产生了学习的积极性，学习效果能够得到一定的提高。学生的能力和综合素质提升了，学校办学的目的就能很好地实现，办学质量也就相应的提高。

（二）提高学生学习的积极性

"理论与实践相结合"的道理是被广泛接受的，可见，理论与实践相结合是消化知识，加深知识理解的较好途径。单纯学习理论知识，学生总是认为是无用的，是空洞的，是枯燥的，如果能够让学生在实践过程中了解到理论知识对实践具有指导意义的话，那么学生的学习积极性就会大大提高。

（三）引导学生成长

现在的学生比较浮躁，要么对自己的工作能力过于自信，要么过于自卑。他们会仅仅从某个社会现象，就会得出非常片面的结论。比如，学生所学专业的就业形势一时不好，他们就产生了变换专业的想法。实际上，学生对自己的了解是不够的。让他们接触实际工作环境，接触社会环境，在实际中得到锻炼，这对于他们的学习观、择业观的形成是能够起到积极作用的。使他们变得成熟起来。

（四）提高就业竞争力

如今，企业，尤其是中国的企业，对于招聘员工都有一定的门槛。一般都希望员工具有相关的工作经验。对于在校大学生来说，如果能够在学校参加一些公司实习或培训，那么，学生在毕业时，就能够为自己增加一个求职的砝码，其求职竞争能力也能提高。

二、工学结合与计算机专业

通过以上的观点可以看出，工学结合的优势是明显的，是得到实践证明的，能够得到较好的教学效果。但是从目前大多数高职高专院校的计算机专业来看，并没有完全采用工学结合的教育模式。多数院校还是"游走"在计算机传统教育模式和工学结合模式之间。在计算机专业的传统教育模式下，学生主要接受的是课堂上的理论教学，配以适量的实验课程和很少的毕业设计等实训课程。这样的教育模式教育出来的学生具有良好的计算机系统知识和较高的计算机专业素质，比较适合继续学习深造和进行科学研究工作。但是高职高专院校所教育的对象往往是需要有就业技能的学生，教育时间也往往很短，大多在二至三年。在相对较短的时间内培养出实用型人才，仅仅注重理论课程是不够的。采用工学结合的教育模式，即缩短理论课程，增加实践课程才能真正能够解决目前学生技能较弱，就业能力不强的问题。在实际中如何，计算机专业如何做到工学结合呢？

对于计算机专业来说，学生到社会中的 IT 公司中去实习往往是很难学到真正的知识和技能。因为由于保密等因素，公司提供的实习岗位和实习时间是有限的。因此，学校要想和社会上的公司和企业合作是有限的。那么要想实现工学结合，还有另一条路就是"学"的一方依托学校，"工"的一方可以依托培训机构。社会上有很多的计算机培训机构，这类培训机构往往具备培训的硬件条件和具有实践经验的教学人员。这些培训机构往往有和院校合作的意愿。学生在学校学习基本的理论知识和简单的实践技能，然后学校组织学生到培训机构去进一步学习。这样可以充分利用社会资源，对于学校来讲是一个节约教育成本的捷径。

与培训机构合作的一个"工学结合"平台似乎是可行，但是，这样的平台是否能够很好地达到"工学结合"的目的呢？学生是否能够在培训机构真正地获得技能上的提高呢？计算机人才的培养是一个长期的过程，这个培养过程在培训机构教学过程中一般需要半年左右的时间。如果学校和培训机构合作，他们能够提供给学校多少的学生培训时间呢？如果没有利益的驱动和制约，我想培训的时间和目的很难保证。

鉴于以上原因，要想完全依赖其他机构提供学生实习的环境，往往是学校的一厢情愿。对于计算机这样一个专业来说，我想，学校还是能在工学结合这条路上探索出一条新的路。比如，从硬件环境上，为计算机专业配备专业的实训机房，对学生的上机时间可以灵活安排，学生在课余时间可以利用实训环境进行自学。从软件来说，外聘有经验的计算机技术人员或为自己的教师提供深造的机会。将教师的讲课内容、视频和参考书籍放置到网络环境，学生可以根据需要自由浏览。从课程设置上来说，压缩理论课的内容，对难点内容和不常用到的内容进行删减，增加实例教学。集中课时为学生讲授专业知识，避免课时分散所带来的容易遗忘、知识联系不紧密等问题。如果能从这几方面进行教学上的改变，就能将"实训"搬进学校，学生能够在学校里就能学到实用的知识。

总之，对于计算机专业来说，要想实现"工学结合"，还有很长的路要走。这不仅仅是需要金钱和时间的投入，更是需要彻底改变传统的教学手段和模式，以一种新的思维去实践"工学结合"，这样，学校教育的意义才能更好地体现，学生才能在学校获得更多的收获。

第十六节　以实践教学推动计算机人才的培养

当今社会需要的是理论基础扎实，动手能力强的高技能人才，建立实践教学体系既能激发学生的创新能力，又能发挥学生的个性，是培养高素质人才的必经途径。实践教学是计算机教学中的一个重要环节，对学生的实践能力和创新能力起着重要的检验作用，是提高学生综合素质的重要渠道。"实践是检验真理的唯一标准"，只有把所学应用于实践，才能及时发现问题并及时纠正问题。虽然目前实践教学在教学计划中占有较大的比重，但学生的实际应用能力并不能达到用人单位的需求，没有从根本上得到提高。在提倡素质教育、注重能力培养的今天，实践教学质量的提高，加强学生实践能力的培养，促进综合素质的提高成为摆在当前教育中的一个重要问题。

一、实践教学在计算机人才培养中存在的问题

实践教学对于学生实践能力和创新能力的培养具有重要的促进作用，然而在目前的计算机实践教学中，普遍存在着人才培养目标不相符的问题。

（1）受传统教育观念的影响，对实践教学不够重视。目前高校计算机教学沿用的仍然是重视理论知识，轻视实践培养，重视知识传授，轻视技能锻炼，普遍造成了学生对实践能力的培养认识性不足，直接影响了实践教学质量的提高。

（2）实践教学的内容和教学方法不适合人才目标的培养。课堂实践教学往往依赖于理论教学，侧重于验证书本知识，学生只是按照教师和书本的指导去做，只知其然而不知其所以然，学生操作的熟练程度加强了，但是创新性和主动性很难发挥，使得实践教学成为理论基础的辅助，不能真正起到培养专业技能型人才的作用。而且，实践教学的内容也相对陈旧，有时一个实训项目被应用到几代学生身上，教学内容不能和实际需求相结合，不利于和社会需求接轨。

（3）学生主动性和积极性存在很大差异。由于区域性和办学条件的限制，使得学生在中学所学的计算机知识和操作水平参差不齐，进而导致在实践教学过程中，学生的主动性和积极性必然会存在较大差异，部分动手能力较差的学生由于无从下手，从而导致积极性下降，不愿主动去探究和学习。

（4）实践教学考核评价标准不科学。目前对计算机教学的考核主要是依据笔试成绩，对课程设计的考核也往往只以实验报告为标准，学生和教师素质的高低也多是取决于出勤率和课堂教学效果，致使学生和教师对实践教学认识的比较片面，实践教学也就沦为一种形式。

二、以实践教学推动计算机人才培养的模式

（一）树立新的教育观念，改革实践教学中存在的问题

（1）树立知识、能力、素质综合发展的理念。知识是能力和素质形成的基础，知识要通过内化才能上升为素质，素质的提高又将促进知识的更新，促进能力的发挥和发展。计算机实践教学应以应用能力和综合素质的提高为主导。

（2）转变只重视理论教学的旧观念，树立以培养学生实践能力为主的新理念。转变教师为主的旧观念，树立学生为主体、教师为主导的新理念。应该把学习的主动权交给学生，让学生积极参与、主动探究、乐于实践，培养学生分析和解决问题的能力，搜集和处理信息的能力，以及合作和交流的能力。

（二）改革实践教学内容，构建完备的实践教学体系

要及时对社会在人才方面的需求目标进行更新，及时吸收最新的科学技术成果，以实践指导理论，改革实践教学内容，减少演示性和验证性的训练，增加综合性和设计性的实践，形成基础知识和基本操作技能、专业知识和专业操作技能、综合实践能力和综合技能相结合的实践教学体系。

（三）改革教学方法和教学手段，提高实践教学质量

（1）利用 NIT 的教学方式，培养学生处理问题的能力。NIT（全国计算机应用技术证书考试）提供了一种科学的教学方法，强调以学生为主体，采用任务驱动、情景教学、自主学习的方式，以应用性为出发点，注重学生能力的培养，其基本思路是利用任务驱动，带动学生主动学习。任务驱动法采用的是利用一个待处理的事情激发学生的兴趣，推动学生的学习，采用提出任务——完成任务的思路——边做边学——总结讨论的方法。这种方法有以下优点：带着任务学体现了学以致用的原则；边做边学可以让学生在实践中掌握操作技能，有利于学生将知识转化为能力。

（2）利用多媒体技术为实践教学提供交互式教学环境。实践教学不仅需要学生的参与，教师的指导也同样重要。计算机硬件教学、基本操作教学、网络配置教学等课程的操作性很强，如果仍然用传统的板书的教学形式，不仅教师难以讲解，而且学生也会感到抽象和枯燥，直接影响教学质量的提高。采用计算机辅助教学软件和多媒体课件，可以把所学内容更直观地展现在学生面前。利用多媒体技术的动态交互性来指导学生更好的学习，不仅可以使学生更直观的感受知识，激发强烈的求知欲望，调动学习的积极性，而且可以充分发挥学生的想象力和创造力，明显提高教学效果。

（3）培养学生利用网络自主学习的能力。实践教学是以学生为主体，教师为主导的教学活动，学习过程中的许多问题需要学生自己去解决。针对这些问题，我们可以利

用计算机自身的优势，利用网络丰富的资源，获得所需资源和解决问题的方法。如对Photoshop、CorelDraw、Flash 等图像动画学习软件，可以通过网上教程让学生了解更多的知识，激发更多的创新思维和创作的灵感。

（4）开展校企合作，建设实训基地。校企合作是提高学生就业率的有效途径，既能为学生找到合适的实训场所，同时也能锻炼他们参与实践，勤于动手的能力。尤其对于计算机专业的学生来说，由于学校环境的约束性，只在课堂上听教师讲解理论知识是不足以让学生知道如何去做的，由于没有切身体验，没有成功的愉悦，更没有失败的教训，会使学生丧失学习的兴趣。开展校企合作，建设实训基地后，学生可以到实践中总结研究，在做中学，在潜移默化中也就提高了实践能力。

（四）增设任务型练习，在自学中培养实践能力

可以定期给学生制定学习任务，同时实训教室全天向学生开放，让学生自己设计实训思路，利用课余时间自主开发设计。要以学生自主学习为主、教师指导为辅为原则，适当安排指导课程，要求学生借助各种指导工具和在线帮助，自觉学习。这种学习方式对于应用性强而课上又难以实践的课程来说非常适合，同时还能培养学生的自主学习能力。

综上所述，计算机人才的培养离不开实践教学的有力指导，实践教学是衔接理论知识和实际运用的关键环节，其教学质量的高低直接影响学生实践能力的高低。选择恰当的教学方式可以更好地激发学生掌握技能的兴趣，提高实践能力，实现计算机人才培养的目标，并为学生服务社会及其可持续发展奠定基础。

第十七节　金融院校计算机人才培养

针对当前金融院校中部分计算机专业的人才培养模式存在的专业特色不突出、学生就业优势不明显等问题，以及如何缓解社会对真正的金融 IT 类人才的巨大需要这一供需矛盾等问题，提出了金融类院校计算机专业人才的培养模式的探索思路，该人才培养模式主要是从专业人才培养特点与优势学科相结合、专业特色课程改革、课堂教学与工作实践相结合等几个培养方法入手，使计算机专业与金融应用方向紧密结合，从而培养出社会需要的合格的、优秀的金融 IT 类复合人才。

一、我国金融院校计算机人才培养的现状

（一）人才培养的模式比较单一，计算机与金融专业特色的结合不够紧密，人才缺乏竞争力

现阶段我国金融类院校的计算机类人才的培养模式比较单一，教学大纲大多是依据

理工类院校的计算机专业的教育大纲来设置的，只是在此基础上增加了一些金融专业的课程，如金融数据库技术、金融信息安全技术、金融电子化等课程。统一的教学大纲虽然能够保证教学内容的统一性，但是在过度强调教学内容的统一性同时忽视了学校特色的体现。同时，我国大学本科生的学制为四年，学生在校学习时间为三年到三年半不等，其他的时间为实习和社会实践。在这三年多的时间里，按照教学大纲的要求，其中有大概三分之一的时间在接受通识教育，留给专业特色教育的时间仅仅有两年。若在这两年的时间里，学生不能养成主动学习的习惯，仅仅是完成了大纲中规定的课程，同时学校方面若在宏观上缺乏及时的引导，就会造成金融院校计算机专业的学生毕业后在金融领域和计算机领域均缺乏竞争力的现象。从金融专业的角度来看，单一的、孤立的几门金融专业课程是无法使学生从整体上了解金融行业的本质及运转模式，也就不能真正的认识和理解的金融业的需求。那么，在这种前提下，计算机专业的学生所开发出来的金融系统方面的软件与现实的需求显然是要存在许多偏差的。从计算机专业的角度来看，由于金融类院校多以金融、财经类专业为重点的，在发展和投入方面要有所侧重，另外，学生在学习中在要兼顾金融和计算机两个专业方向，与仅专注于计算机专业的理工院校的学生相比在专业优势上是略有差距的。

（二）学校对学生实习、实践的重视程度不够，监管力度需进一步加大，学生的理论知识与实际应用的结合不够紧密

在有些院校的日常教学中，存在过度强调理论知识的学习，在课程的设置上也是理论的课程优先，导致学生动手能力不足的现象。首先，一些院校的专业课程存在实验课时设置不足的现象，例如某院院校的计算机组成原理课程，总学时为68学时，其中理论课为58学时，实验课为10学时，学生在如此少的实验学时中很难对计算机的组成原理真正的理解和把握，以致大部分学生在学习完理论知识后不能很好地消化、理解这些理论知识，最终将导致这些理论很难真正运用到实际项目的开发设计中；其次，一些院校的专业课程存在设置的不合理的现象，这也在一定程度上给学生的学习带来困难，比如计算机专业英语这门课，有些院校在第三学年才开设这门课，而在日常教学中，我国大专院校计算机专业的很多教材都是引进国外英文原版教材或译注版本，学生在学习的时候需要时常查阅英文资料，如果学校能在第二学年或更早的时间开设计算机英语课，则会给学生的后续学习带来极大的便利；再次，个别院校对于学生的实习、实践环节重视程度不够，疏于监督指导和管理，导致一些实习、实践环节形同虚设，没有起到锻炼学生动手能力和适应社会工作的目的。例如，有些学生在实习期间存在迟到、早退，甚至几天在实习单位不见人影的现象；有些学生在社会实践期间对自己要求不严，不能踏踏实实地工作，只是流于形式，走走过场，只为实习单位最后能给盖个公章出个证明，证明自己曾在那个单位实习过，对于实习实践的效果则另当别论了。而且，很多院校由于师资、财力资源等有限，往往也难以用统一的尺度对学生的实习实践的效果进行测评和考核，最终也是主要依据实习单位所

出具的实习证明来判断学生的实习效果，由此出现的监管空白会一定程度地的影响学生的实习实践效果，这也是导致学生在就业中缺乏竞争力的原因之一。

二、我国金融院校计算机人才培养模式的探索

（一）注重学生素质的培养，明确复合型金融计算机人才应具备的素质

通晓计算机科学技术知识、熟悉金融信息化管理流程，能够将软件开发周期理论与企业实际应用开发二者有机结合，学以致用，掌握现代通讯与网络安全技术，具备银行信息化管理必备的知识和能力；掌握现代数理工具，由于银行业面临大量数据处理工作，学生还应具备深厚的应用数学知识的能力，能够掌握金融数学的方法和数据建模工具，并能够运用这些工具进行投资分析及金融数据的统计处理等工作。

（二）要培养复合型金融计算机类的人才，在专业课的设置上更应注重全面性和综合性

基于复合型金融计算机人才需具备的素质考虑，专业课的设置除了应该包含金融专业和计算机专业的主干课程，如：数据库原理、数据结构、计算机原理、金融电子化、金融数据库技术、金融信息安全技术等，还应包括金融数学、金融建模、金融数据挖掘、金融统计模型概述等课程，以完善学生的金融数理能力，学生只有在具备很好的数理能力的基础上才能将掌握的计算机知识发挥到极致，才能开发设计出更加适应实际需要的金融领域的软件系统。

（三）注重课堂理论教学与实践教学二者的有机结合，根据课程特点灵活改进课堂教学模式

通常，人们对理论课和实验课的区分往往更多的是从上课的形式和地点上加以区别，这就造成理论课往往是教师一个人在操作计算机进行讲解和演示，这样的教学模式对于一些操作性强的课程，如程序设计、数据库应用等，如果上课的过程中缺少了互动操作计算机的环节，那么学生对于一些理论知识将存在一定程度的理解延迟现象，而边讲边练的教学模式则更有利于学生对知识的接受和理解。而实验课上则往往是学生操作的多，教师很少讲，而且由于大多情况下理论课与实验课是有一定的时间间隔的，有的间隔要长达一周之久，等学生去上实验课时，理论知识往往所剩无几了，这在一定程度上造成了理论和实验的脱节，同时也是对学生和教师时间的浪费。其实，教师完全可以通过改进课堂教学模式来打破理论课和实验课的硬性界限。例如，在学校教学资源充足和合理安排资源的基础上，教师可以根据课程内容的特点和学生对知识的接受程度来选择上课地点在教室还是在实验室，同时学校对教师工作量的衡量标准也要进行改革，对于教师上理论课和上实验课的待遇要一视同仁，只有这样，经过一段时间的磨合，教师和学生才能真正将理论和实验

两个环节有机结合，将二者的作用发挥得恰到好处。

（四）重视学生的实践环节，改革实践模式，重视实践效果，完善实践成果考核和评估体系

作为计算机专业而言，专业教学与专业实践是密不可分的两个环节，教师应该在教学过程中不断探索并尝试新的实践教学方式。例如，可以采取化整为零的实践模式，将专业实践分成课程练习阶段、课程模拟设计阶段、综合实践阶段；根据课程特点在不同教学阶段采取不同的实践模式，这实际上是课程实践不断向纵深化发展的表现。课堂练习与课程模拟设计阶段采取的是学校教学与企业实践相结合的方式，这期间要安排学生经常去企业实地考察、了解市场需求，并且要经常举办相关内容的知识讲座，使学生在模拟设计阶段加深对理论知识的理解，为下一个阶段做准备。综合实践阶段主要是指专业实习阶段和毕业设计阶段，这一阶段采取的主要方式是深入企业内部实习，由企业人员和教师组成实习指导小组，共同负责对学生实习的指导和监督。并且由企业根据实际需要提出课题，企业与学校共同指导学生完成课题，并在实习结束时由实习指导小组成员共同对学生的实习成果进行考核，考核不合格的，学校应采取一定的措施，如缓发毕业证等，以引起学生对实习的高度重视，长期坚持，便能收到良好的效果，回归到"企业有才可纳，毕业生有业可就"的良性循环的轨道上来。

第十八节　"新工科"要求下民族地区特色计算机人才培养

"新工科"发展战略对地方院校的要求是结合地方经济社会和产业发展实际需求，发挥自身优势、创新教育模式，培养融入服务地方意识的新型工科人才。计算机是典型的工科专业，计算机人才对新经济和新兴产业的发展提供巨大支持。在此背景下，民族地区高等院校应优化计算机人才培养模式，构建融合民族特色和专业要求的新型人才培养体系。文章借鉴"软件工程"思想，以"就业"、"服务"和"能力"为导向倒推计算机人才培养目标，建立包含"专业技能"、"职业素养"和"民族情怀"三位一体的特色人才培养体系，形成"创新课堂教学方法→丰富实践教学层次→完善协同管理机制→建立多级评价反馈"的特色人才培养方案实施路径，培养具有扎实专业功底和技术能力，同时怀有扎根地方和服务地方意识的新型计算机人才。本研究为民族地区高等院校新工科建设和新型计算机人才培养提供了有益的发展思路和有效的实施方案。

计算机专业从1956年开办至今，其发展历程具有明显的"外延特征"，现在正转向以提高质量为主的"内涵发展"阶段，新工科建设正是促进这一发展战略转移的契机。新工科建设"复旦共识"提出：地方高校要"充分利用地方资源，发挥自身优势，凝练办学特色"、"深化校企合作协同育人机制"、"培养具有较强行业背景知识、工程实践能力、

胜任行业发展需求的应用型和技术技能型人才",这也对计算机人才的培养提出了新的要求。在这个大背景下,民族地区高等院校如何结合自身优势和地区发展需要优化培养方式、如何突破工程能力培养瓶颈创新教学模式,找到一条既符合"新工科"建设要求又具有民族特色的计算机人才培养路径十分重要。可以看到,在民族地区对计算机人才培养的关键是解决"专业性"、"职业性"和"民族性"的融合问题。在满足"计算机人才培养质量国家标准"的专业要求下,将民族情怀教育和服务地方意识融入人才培养过程,注重专业标准框架下的职业素养养成,是一种创新型的民族地区计算机人才培养思路。

一、基于"软件工程"思想,设计人才培养体系的研究流程

软件开发的基本路径是"以用户为中心",实施"需求分析→概要设计→详细设计→编码→测试"的流程,经过循环迭代、不断优化,得到最终的软件产品。人才培养体系的研究制定可以借鉴"软件工程"思想,"以学生为中心",从"人才需求"和"培养目标"分析出发,先总体设计"培养方案",再详细设计"教学方案",通过不断的教学实践和评价反馈"培养质量",最终得到最优化的人才培养方案。

人才培养的"需求分析"是指培养目标分析,通过更新培养理念、分析产业行业需求确定人才培养目标,内涵在于反映新工科的教育目标;"总体设计"是指设计人才培养方案,关键在于将专业、职业和情怀教育有机融合,更新知识体系和教学内容;"详细设计"是指设计具体的教学实施方案,核心在于改革教育教学方法和创新质量评价体系;"具体实施"是指进行校企合作、协同育人,实现途径是完善教学实践活动的合作与融合机制;"质量监测"是指对人才培养过程的教学质量和培养质量进行监督、测量、反馈与优化。这个人才培养体系研究流程能够促进形成一个多方参与的融合"教学改革"、"创新实践"与"协同管理"的教育共同体,为实现特色创新的计算机人才培养体系提供研究依据和有力支撑。

二、构建具有民族特色的计算机人才培养体系

(一)依据"三个导向"制定人才培养目标

培养目标是人才培养的灵魂,是定位和方向,应能够反映行业需求和地区发展对人才的实际诉求。为精准制定人才培养目标,本节从服务地方经济社会和产业发展需求出发,"以就业为导向"确定行业发展和地区产业对人才培养的需求目标,"以服务为导向"确立人才培养的素养目标,"以能力为导向"建立人才培养的技能目标。以内蒙地区为例,说明了人才培养目标各层次与对应子目标内涵。该培养目标框架从促进就业规划、地区信息产业规划和地方急需人才需求三方综合调研得出。

方向性目标明显反映了民族地区和地方产业发展的最新需求;素养性目标的人文素养子目标包括"民族情怀"、"服务意识"和"社会责任感"等,这些情感因素对培养地方

人才具有重要的引导作用；技能性目标在参考"计算机类专业人才能力构成"基础上，增加了对"理论思维能力"和"实践创新能力"的培养，这是由于民族地区生源入学的信息素养水平参差不齐，学生普遍缺少深刻理解计算机理论知识和熟练掌握学科学习方法的思维能力，此外由于受地区 IT 产业发展水平限制，学生实地参与实践的资源和平台不足，因此在新的人才培养目标中应关注理性思维和实践创新能力的培养。

（二）建立"三位一体"的特色专业课程体系

依据新工科建设内涵和应用型本科人才培养课程内容体系要求，新型计算机人才培养方案的课程体系应从"面向课程"到"面向就业"转变，从"传授讲解知识"到"发现创造知识"转变。在传统计算机科学课程体系基础上，调整优化课程关系，从"专业"、"职业"和"人文"三个角度构建"技能"、"素养"和"情怀"三位一体的特色专业课程体系。

专业技能教育是专业课程体系的核心部分，包括基础课、核心课、方向课和实践环节，承担培养目标中技能性目标培养任务，着力培养学生的计算素养、工程素养和应用能力；职业素养教育是课程体系的重要部分，培养学生的职业道德、职场社交和职业规范等素质；人文情怀教育是课程体系的特色部分，培养过程中挖掘情感教育资源，引导和鼓励学生建立扎根地方和服务家乡意识，培养就业归属情感和社会责任感，提升民族地区培养高质量信息技术人才的内在驱动力。

后两类教育模块可以作为特色专业选修课或大学生素质拓展课，秉着"走出去"和"请进来"的教学思路，采用灵活多样的学习方式开设。如"职业素养教育"可以通过企业专题讲座、户外拓展、行业主题工作坊等进行；"人文情怀教育"可以通过学院的学生思想教育公众平台、知名校友企业家讲坛、地方企业见习或民族知识竞赛等途径进行。

三、形成符合新工科教育要求的人才培养实施路径

新工科的教育目标就是要升级工程教育理念、改革人才培养模式、创新教学培养方法、更新教学与学习内容、建立专业培养质量标准和保障体系，改造现有工科专业教育。本节从"创新教学方法"、"改革实践教学"、"完善协同管理"和"建立多级监督"四个方面探讨新工科计算机人才培养的实施路径。

（一）创新教学思维、构建"微智慧"课堂

新工科要求培养兼具"数学与科学思维"和"工程与设计思维"的复合型人才；《计算机类专业教学质量国家标准》对人才的质量要求是具备"人文社会科学、数学与自然科学、学科基础知识和专业知识以及工程实践创新能力"。新型计算机人才的培养需要更新教学理念、创新教学思维，改革教学方法和考核方式，探索提高学生独立思考和解决问题的新方法，实现以自主、探究、合作为特征的新型教学方式和学习方式。"STEM"是科学（Science）、技术（Technology）、工程（Engineering）和数学（Mathematics）的简写，

"整合性 STEM"是一种新型教育理念，强调在教育教学中重视跨学科、跨领域的知识融合，重视真实情境中的问题解决；既注重培养学生的数学与工程思维，又注重培养学生的学科素养和创新能力，致力于培养全面发展的综合型人才。

可以看到，"新工科"、"计算机人才培养国家标准"与"STEM"教育理念有着天然的近似联系和共同的培养诉求。通过整合课程中科学、技术、工程、数学领域的知识，打破学科壁垒，以项目驱动、PBL 等方式，促进计算机学科与其他学科知识深度融合，形成一种新的教学思维和教学形态。

整合性 STEM 教学中，教师以知识点（群）为单位组织知识地图、创设问题情境、设计任务清单；教学实施中学生按照任务列表进行头脑风暴、小组学习，讨论设计解决方案；经过测试与验证，反复循环、迭代优化，最终找到问题合适的解决方案并内化为知识和认知，以设计的需求带动科学探究，再将探究的结果作为设计和改进方案的依据。整合性 STEM 教学对学习效果的评价不局限于知识水平和技能掌握，更注重对教学的过程性和真实性评价，关注学生的态度、参与、探究、协作与创新，关注数学与计算思维、技术掌握与工程经验等在学习中的融会贯通和能力养成。

在实际教学中经常遇到学生对教师的提问不反应、不积极的情况，因此可以在教学中适时应用一些轻量级的课堂及时反馈与互动系统，增加课堂的趣味性，提高学生的参与度。这些"课堂助教"通过测验、问卷、讨论和拼图等小活动，为学生提供微观真实情境、数字化学习资源、关注热点分析等场景化、无纸化学习环境，参与课堂互动并及时反馈，既提升了学生课堂参与度，也积累了教学评价数据，对过程性教学评价分析起到重要的数据支撑作用。目前，国内应用较广泛的有雨课堂、微助教、问卷星等，国外有 kahoot、Padlet、Classkick、Socrative 等。这些课堂交互系统的恰当运用创建了具有"微智慧"的生动课堂，利于教师关注和发现学生的能力特性，从而有的放矢地进行"以学生为中心"的教学活动。

（二）改革实践教学模式，培育实践教学共同体

1. 更新实践教学理念，改革实践教学模式

实际的 IT 项目开发需要在连续的时间周期内完成，而一般的计算机实践教学模式都是每周定期按课时计划进行，破坏了项目开发原本的连贯性和周期性特质。为改进实践教学，可以借用"项目工程周期"的概念改革实践教学模式，通过分析课程体系对实践技能的不同要求得出实践任务粒度，再对应开展同级别的实践学习活动。

以计算机专业"Java 软件开发"方向的实践教学安排为例说明这种实践教学模式。"Java 核心技术"是专业方向课的基础，训练 Java 语言的基本编程技能，实践任务粒度是"课程级"，在该课程结束后进行两周左右的集中实训，可以基于课程进行小型案例的设计与实现；以"Java 软件开发"主流技术链上的相关课程（JavaWeb、JavaEE、Oracle 等）形成的课程群实践任务粒度为"项目级"，在该课程群方向课程学完之后，用 1 个月左右的实践周期

进行中等规模的系统项目实训；该专业方向全部专业课程学完之后，获得知识和技能，接着可以支撑进行"基于轻量级框架的企业级项目开发"实践，周期为 3 个月。这种实践教学模式以"点→线→面"的形式逐层展开，以不同阶段的实践教学活动培养学生"项目开发周期"概念，将课程实践与项目实践挂钩，丰富了实践教学层次。

2. 挖掘实践教学资源，丰富实践教学内容

除了在课程层面改革实践模式外，还应该在课堂以外充分挖掘实践资源，拓展实践教学的时间维度和空间维度。一是以专业比赛丰富实践教学案例。各级各类学科专业竞赛、科技作品创新大赛等都是非常好的实践教学载体。从院系内部面向全体学生的普适性专业技能比赛到选拔出精英型选手参加高级别比赛，这个过程中积累的学习资源、技术工具、比赛平台和参赛经验等都极大地丰富了实践教学案例库，增强实践教学的真实性、情境性和实效性。二是以创新教育活动扩展实践教学维度。通过建立"虚拟 IT 公司"创设新的实践教学情境，丰富实践教学内容。院校专业教师是公司负责人，专业学生社团（计算机爱好者协会、创客协会等）负责公司实际事务管理，不同年级的学生组成人力资源部、项目开发部、项目运维部和项目市场部，分别负责项目的设计、开发、运行、测试、维护与发布。公司负责人（院校教师）选择来源于教学实际、大学生创业大赛或校内 APP 榜等与学生密切相关的项目作为公司主营业务，主要销售市场为校内大学生群体或创业学院孵化基地内的小微 IT 企业等；同时"聘任"合作办学企业的技术教师和教质教师为技术总监和市场总监，"指点"技术研发与市场推广。通过模拟 IT 公司的运行流程，创建逼近真实的实践环境，将实践活动从"课内"延伸到"课外"，使"学习-工作"有机结合起来，大大拓展了实践教学维度，同时也为学生在校创业的实现提供了实践和锻炼机会。

3. 建立"双向培训＋互选双导"的实践教学联盟

一是双向培训机制。院校教师的专业知识扎实但工程经验不足，企业工程师的工程经验丰富但教学技能不够。深层次的"校企合作"办学应看到双方这种优势互补，建立"教学技能-工程经验"的双向学习培训机制。企业通过定期的技术培训和工程项目实践强化师资的工程技能；院校通过定期教学工作坊和教学微课等途径为企业工程师提供教学技能培训。培训方式不拘一格，可采用在线学习、远程会议、虚拟会议室等途径解决异地师资学习互动的问题。

二是互选双导机制。项目级、企业级的实践学习活动和毕业设计由校企双方共同承担、双向指导。实践项目和毕业设计的题目可由院校教师的教科研项目和企业工程师的实际开发项目提供，也可以是学生自己感兴趣的创意型题目（需通过导师可行性评估）。题目公开，实行学生和导师的双向互选。初步选定后，保证每个学生"一人一题"、"一人双导"，院校和企业各派一名导师指导，在技术解决和论文书写方面提供全力支持。

通过院校和企业的优质资源共享、高效协同实践，在院校、企业和学生三者之间建立起密切的关系，共同形成一个实践教学联盟。

（三）创新协同管理制度，构建管理共同体

协同育人的范畴不只包括课程合作、实践合作，还包括深入的管理合作。可以采取"学院"、"企业"和"学生"三方共同参与的管理思路，视学习地域不同灵活组合管理方法，创新管理制度。

学生在院校学习期间采取"学院主管＋企业协管"的管理模式。学院主要负责日常教学和学生管理，包括培养计划的落实、学习活动的安排，设立专职班主任和助理班主任共同负责学生的思想、生活、奖助评优和第二课堂等；企业设立专职教学管理岗常驻院校，负责合作班级学生的校企合作课程对接、实训实践活动安排和职业素养与企业文化教育；学院与企业建立教学管理月例会制，就日常管理与合作事宜互通有无，及时跟进学生。学生在企业进行项目实践期间，采取"企业主管＋学院协管＋学生自管"的管理模式，企业专职辅导员负责学生在实训期间的学习和生活，学院定期派班主任到实践基地了解学生情况。双方建立周报汇报机制，对学生的上课出勤、学习进度、项目进度及时反馈；学生组建自管委员会和临时党小组，充分发挥学生干部、学生党员在异地学习和班级管理中的核心作用；通过远程视频班会、QQ群直播、微助教签到等形式建立院校师生异地交流管理桥梁。通过多方参与、齐抓共管，在学校、企业和学生之间形成一个协同管理、及时反馈的管理共同体，保障整个人才培养流程的顺利实施。

（四）建立"内外结合、循环反馈"的两级评价机制

人才培养应将质量价值观落实到教育教学的各个环节，将质量意识作为师生内在的价值追求。建立内部质量评价机制，对日常教学质量进行监督和反馈；建立外部质量评价体系，分析人才培养目标达成度，监管合作办学质量。

1.建立"循环反馈型"教学质量评价体系

内部教学质量评价应建立"教学目标→教学活动→教学结果→教学目标"的闭环评价路径。以"过程性评价"作为主导思想，设计包含多元评价主体、多维评价要素和多样评价手段的教学评价模型，基于评价产生的多源数据，形成反馈型教学质量评价体系。多元评价主体可为教师、学生、教学平台，针对不同的学习内容进行教师评价、学生自评、生生互评、机器自动化测评等；参与评价的要素包括学习的态度、过程、内容、情境、结果、效率等；评价手段可以是测验、实验、作业、展示、报告、论文、作品、项目等。基于"过程性"和"真实性"对学习活动进行评判，综合学习内容难度、学科融合度、实现方案可行性、创新创意性和自我反思等评价学生的学习成果。这些多源阶段性评价数据的重要意义在于为下一阶段的教学活动改进提供数据证据和教学决策依据，调整优化教学策略。

2.建立基于"培养目标达成度"的人才培养质量评价体系

外部人才培养质量评价应建立"培养目标→培养过程→就业结果→培养目标"的闭环评价路径。以"培养目标达成度"作为评价依据，对就业质量、课程质量、目标实现质量、

合作办学质量等进行综合测评和分析，采取"校企共评"和"第三方测评"相结合的评价体制。

校企共评就业质量和课程质量机制有双层要求。一是企业与高校携手联动、共同评价就业质量。企业方就业部门每年实时更新应届生就业数据，分析就业单位情况和薪资水平，连续追踪近几届毕业生的后续职业发展状况，给出年度就业统计报告；院校建立毕业生就业跟踪反馈机制，统计就业率、对口就业率和整体就业率等，分析毕业生的就业性质、就业倾向、就业满意度、可持续发展度等。二是校企双方以就业质量反观课程质量。在每轮合作办学结束后，双方应就课程体系与产业技术发展契合度、课程资源建设、课程教学大纲、实践课程教学等方面的实施、执行与合作进行全方位的自查与互评，分析课程学业成绩和课程满意度，调整教学策略和教学方法，保持优点，弥补不足。

针对第三方测评合作办学质量与培养目标实现质量。邀请同行专家进行专业评估，对专业设置合理性、培养目标适切性、实施过程可行性和专业办学满意度进行充分评价，给出中肯的意见和发展建议；聘请行业领域专家对"企业在合作办学中的参与度"、"院校对地方产业的人才培养贡献度"、"培养目标合理性与可持续性"等进行分析和总结，提供合作改进与就业指导等意见，为下一轮校企合作提供客观依据。

"新工科"建设对地方院校工科发展提出了新的要求，特别是民族地区的地方院校应该重新梳理培养思路，分析民族地区产业发展和地方企业需求，凝练地方特色，以增强"服务地方意识"和培养"创新应用型人才"为切入点，对人才培养模式进行新的探索、赋予新的内容。民族地区对计算机人才的培养，宏观层面上要符合国家对"新工科"人才培养的总体要求，中观层面上要满足地区产业和行业发展趋势，微观层面上要契合地方发展对计算机人才的实际诉求，构建具有民族特色的计算机人才培养体系。以产业技术进步驱动课程知识体系改革，实现课程内容与职业标准、教学过程与工程过程的无缝对接；提高毕业要求与培养目标的达成度水平，提高毕业生就业与用人单位用人的"双满意"率，为民族地区发展培养真正需要的新型计算机人才。

参考文献

[1] 侯希来.计算机发展趋势及其展望[J].科技展望，2017，27（17）：14.

[2] 廉侃超.计算机发展对学生创新能力的影响探析[J].现代计算机（专业版），2017（06）：50-53.

[3] 冯丽萍，张华.浅谈计算机技术发展与应用[J].现代农业，2012（08）：104.

[4] 冯小坤，杨光，王晓峰.对可穿戴计算机的发展现状和存在问题研究[J].科技信息，2011（29）：90.

[5] 范慧琳.计算机应用技术基础[M].清华大学出版社，2006.

[6] 尤延生.项目教学法在高职院校教学实践中存在的问题及解决思路[J].求知导刊，2016，0（20）.

[7] 胡卜雯.高职院校公共英语语法教学中存在的问题及对策研究[J].求知导刊，2016，0（36）.

[8] 岳旭耀.高职院校设备管理中存在的问题及改进措施[J].科学中国人，2015，0（9Z）.

[9] 贺嘉杰.浅析计算机应用的发展现状和趋势探讨[J].电脑迷，2017（2）.

[10] 张跃.计算机应用现状及发展趋势[J].船舶职业教育，2018.

[11] 赵洪文.计算机应用的发展现状及趋势展望[J].科技创新与应用，2018（2）：167-168.

[12] 喻涛.试论计算机应用的现状与计算机的发展趋势[J].通讯世界，2015（06）.

[13] 谢振德.计算机应用的现状与发展趋势浅谈[J].电脑知识与技术，2016（27）.

[14] 付海波.试论计算机应用的现状与计算机的发展趋势[J].数码世界，2017（11）.

[15] 梁文宇.计算机应用的现状与计算机的发展趋势[J].科技经济市场，2017（02）.

[16] 张跃.计算机应用现状及发展趋势[J].船舶职业教育，2018（01）.

[17] 刘青梅.计算机应用的现状与计算机的发展趋势[J].电脑知识与技术，2016（25）.

[18] 李成.浅析计算机应用及未来发展[J].通讯世界，2018（09）.

[19] 胡乐.浅谈计算机应用的发展现状和发展趋势[J].黑龙江科技信息，2015（2）：104.

[20] 王金嵩.浅谈计算机应用的发展现状和发展趋势[J].科学与财富，2015（10）：106.

[21] 王晓.计算机应用的现状与计算机的发展趋势探讨[J].科学与信息化，2018（31）.